산티아고 40일간의 위로

나를 만나, 나와 함께 걷다

산티아고 40일간의 위로

나를 만나, 나와 함께 걷다

저자 박재희

초판 1쇄 발행일 2018년 9월 15일
2쇄 발행일 2019년 1월 10일
개정증보판 1쇄 발행일 2020년 6월 25일

기획 및 발행 유명종
편집 이지혜
디자인 이다혜
조판 신우인쇄
용지 에스에이치페이퍼
인쇄 신우인쇄

발행처 디스커버리미디어
출판등록 제 300-2010-44(2004. 02. 11)
주소 서울시 종로구 사직로8길 34 경희궁의 아침 3단지 오피스텔 431호
전화 02-587-5558
팩스 02-588-5558

ISBN 979-11-88829-15-6 03980

산티아고 40일간의 위로

나를 만나, 나와 함께 걷다

박재희 지음

디스커버리미디어

목차

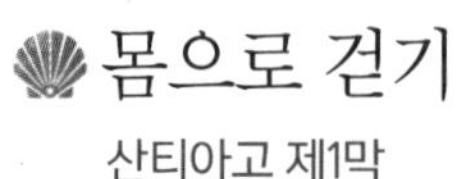

몸으로 걷기
산티아고 제1막

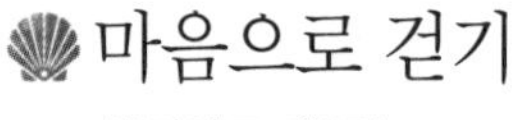

마음으로 걷기
산티아고 제2막

그런 마음이었다.
무언가는 찾지 않을까?

막연한 기대를 안고 떠난 길에서 정답은 찾지 못했다. 하지만 뇌리에 가득했던 질문을 모두 버리고 왔다. 돌이켜보니 10년 전에 시작된 일이다. 그때는 내 인생이 너무 빨리 돌던 때였다. 잘살고 있는 건지 아닌지 궁금할 틈도 없이 쳇바퀴를 돌았다. 매일 매일, 나는 점점 빨라지는 트레드밀Treadmill 위에서 뛰는 기분이었다. 넘어지지 않으려고 죽을 힘을 다해 뛰던 나에게 '산티아고 가는 길'Camino de Santiago은 꿈 같은, 아니 꿈꿀 수 없는 것이었다. 한 달 넘게 스페인의 시골길 800킬로미터를 걷는 여정. 까미노로 떠나는 선배를 보면서 생각했다. 언젠가 나도 그 길을 걸을 수 있을까? 멀고 아득했다. 그런 날은 오지 않을 거라고 생각했던 바로 그 날, 마음에는 씨가 뿌려졌다. 뜀박질 무리에서 벗어나기로 한 날, 나는 그 길을 떠올렸다. 처음에는 그저 아주 길게 혼자 떠나는 도보 여행을 생각했다. 스페인의 이국적이고 아름다운 풍광을 걷는 나를 떠올렸고, 내심 아주 긴 걷기 여행에서 두리둥실 붙은 비계덩이를 덜어낼 수도 있을 거라고 기대했다.

결론부터 말하자면 산티아고 가는 길은 내가 상상했던 것과 완전히 달랐다. 태양의 나라에서 한 달 내내 비옷을 입고 추위에 떨었다. 눈이 시리도록 파란 하늘, 믿을 수 없이 아름다운 유채꽃 벌판을 지나다가도 갑자기 비가 쏟아졌다. 발목까지 흙탕물에 잠기는 날이 많았다. 어떤 날엔 지평선 끝까지 뻗은 길 위에 아무도 보이지 않았다. 지구라는 행성에 혼자 남겨진 것 같았다. 길이 사라져버린 진흙 밭을 헤매며 울고 또 울었다.

길은, 누구에게도 보여주고 싶지 않았던, 내면 깊숙이 꽁꽁 숨겨뒀던 나를 마주 보게 해주었다. 그런 내가 싫어 고개를 저으며 눈물을 찔끔거렸다. 매일 수십 킬로미터를 걷는 일은 각오했던 것보다 몇 배는 더 힘들었다. 진통제를 먹지 않고 잠든 날이 드물었다. 그런데도 나는 걷고 있었다. 혼자 갔으나 언제부턴가 나는 함께 걷고 있었다. 내 안의 나와 같이 걸었고, 내 옆의 순례자와 함께 걸었다. 아직도 길은 문득 다시 살아나 그리움에 사무치게 한다. 지금도 까미노가 그립다.
나는 그리움의 까닭을 명쾌하게 설명해줄 수가 없다. 그 길이 나에게 무슨 짓을 한 건지 몇 마디 말로 이야기해 줄 수가 없다. 그저 내가 걸어온 길을, 지나온 시간을, 내 안에 품었던 수많은 질문과 길에서 건져 올린 대답을, 순례자들에게 얻은 위로와 행복, 내가 만난 사람들의 이야기를 소곤소곤 들려주는 것 말고 다른 방도가 없다. 이 책이 당신의 가슴에 산티아고를 키우는 작은 씨앗이 되길 바란다. 그리하여 언젠가 당신도 그 길에 설 수 있기를.
까미노에서 만난 친구들 가운데 몇몇은 지금도 페이스북과 이메일로 소식을 주고받는다. 나와 함께 걸었던 친구들에게 축복 인사를 전한다. 책에 등장하는 사건에 허구는 없다. 다만 친구들의 프라이버시를 위해 사람을 뒤섞고 가명을 썼음을 밝힌다.

2018년 초가을, 두 번째 까미노 가방을 꾸리며

박재희

언제가 당신도
그 길에 설 수 있기를

그날이 떠오릅니다.
공항으로 가는 길에 급히 출판사에 들렀습니다. 아직 인쇄기 온기가 남아있는 책을 품에 안았습니다. 그날은 <산티아고 40일간의 위로>가 세상에 나온 날이었습니다. 두 번째 순례를 위해 다시 산티아고로 떠난 날이기도 했죠. 두 번째 순례는 어쩌면 예견된 일이었을 겁니다. 원고를 쓰는 동안, 순례자로 울고 웃던 기억을 정리하면서 이른바 '셀프 뽐뿌'라는 걸 한 셈이거든요. '산티아고 앓이'가 찾아온 겁니다. 순례길을 걸은 사람들 대부분이 걸리는 병이라고 하는데 이 산티아고 '후유증'은 일단 증상이 시작되면 약이 없습니다. 까미노에서 맡았던 바람의 향기, 종일 내리는 빗속을 걸어 온몸이 물기둥이던 기억, 길에서 마주했던 수많은 감정들, 무엇보다 내가 내 안의 나와 손잡던 그 순간들이 사무쳐왔습니다. 마지막 원고를 넘기는 날, 비행기를 예약하고 일정을 조정했는데 하필 기다렸던 책이 나오는 날 출국해야 했지요.
비행기에 올라 한참 책을 쓰다듬으며 안고 있었습니다. 메세타에 떠오르는 햇살을 가득 받고 선 그림자. '나를 만나 나와 함께 걷기 시작했던 날'의 기억을 표지에 담은 책은 저의 순례길 동반자였습니다. 두 번째 순례길을 걷는 동안 매일 한 편씩 읽으며 독자가 되었습니다. 아니, 책의 순례길에 제가 동행한다는 생각으로 함께 걸었다고 해야겠네요. 그때로부터 여덟 번째 계절이 바뀌고 이제 개정판이 나오게 되었습니다.

요즘처럼 출판 환경이 어려운 시기에 먼저 개정증보판을 제안해 주시고 더 나은 책으로 만들어 주신 디스커버리미디어 유명종 대표님께 감사합니다. 무엇보다도 정성을 다해 마음으로 책을 읽어주신 독자 여러분께 머리 숙여 깊이 감사드립니다. 아껴주신 덕분에 베스트셀러 딱지를 오래 붙일 수 있었고 더 좋은 모습으로 뵐 기회를 주셨습니다.

800km, 1,000km를 두 발로 밀어 걷는 행위가 순례자에게 주는 것은 무엇일까요. 천 년이 넘는 시간이 흐르는 동안 수많은 순례자의 눈물과 염원이 만들어낸 산티아고 길은 이제 이름난 관광지만큼 유명해졌습니다. 하루가 다르게 더 많은 사람이 모여드는 순례길이 예전 같지 않다고도 합니다. 그런데도 여전히 산티아고는 그 길만의 이야기를 들려줍니다.

더 많은 분께 까미노의 위로와 축복을 전할 수 있었으면 하는 바람을 담았습니다. 무시아Muxia를 거쳐 세상의 끝, 피스테라Fisterra 언덕을 다시 찾았던 이야기를 추가했습니다. 독자 편지를 통해 많은 분께서 순례자 친구들의 안부를 물어 주셨는데 이번에 근황을 전하며 답변을 드리게 된 걸 기쁘게 생각합니다.

다시 한번,

길이 들려주는 이야기가 당신에게 닿기를 바랍니다.

그리하여 언젠가 당신도 그 길에 설 수 있기를 깊은 마음으로 기원합니다.

2020년 여름을 맞으며

박재희

산티아고 순례길 안내 지도

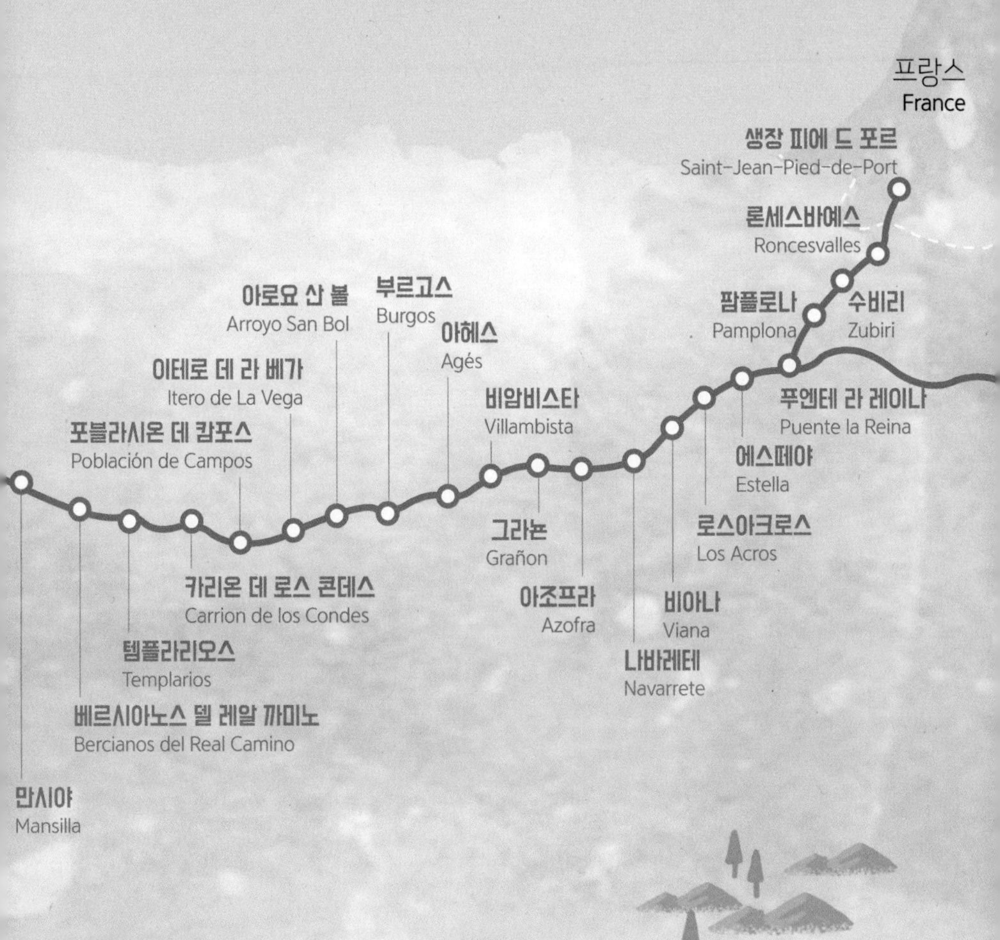
프랑스
France
생장 피에 드 포르
Saint-Jean-Pied-de-Port
론세스바예스
Roncesvalles
팜플로나
Pamplona
수비리
Zubiri
푸엔테 라 레이나
Puente la Reina
에스떼야
Estella
로스아크로스
Los Acros
비아나
Viana
나바레테
Navarrete
아조프라
Azofra
그라뇬
Grañon
비암비스타
Villambista
아헤스
Agés
부르고스
Burgos
아로요 산 볼
Arroyo San Bol
이테로 데 라 베가
Itero de La Vega
포블라시온 데 캄포스
Población de Campos
카리온 데 로스 콘데스
Carrion de los Condes
템플라리오스
Templarios
베르시아노스 델 레알 까미노
Bercianos del Real Camino
만시야
Mansilla

몸으로 걷기

산티아고
제1막

운명은 길을 떠나도록 만든다

#1 생장 피에 드 포르에서 론세스바예스까지, 27km

"회사 그만두면 뭐 하실 거예요?"
"특별한 계획 있으세요?"
떠나는 이에게 의례 물어봐 줘야 한다는 듯 별 뜻 없이 건네는 흔한 질문이 쏟아졌다. 뭔가 특별한 계획을 말해야 한다고 생각했던 걸까? 마치 오랫동안 결심하고 준비해 온 일인 것처럼 '산티아고'라는 단어가 내 입에서 툭 튀어 나왔다.

——— 산 속은 어두웠다. 검붉은 하늘이 초대형 우박을 쏟아내다가 갑자기 얼음 슬러시 같은 비를 퍼붓는다. 생장 피에 드 포르Saint Jean Pied de Port를 출발할 때 수십 명도 넘었던 순례자가 어느 순간부터 보이지 않았다. 돌길과 진흙탕이 이어졌다. 풍광을 즐기기는커녕 눈과 비, 우박 세례 속에 쉬지도 못하고 맹렬하게 산길을 올라왔다. 무사히 언덕을 넘었나 싶어 잠시 뒤돌아 보는데, 양쪽 허벅지가 서서히 뭉치기 시작했다.

"쥐? 또? 또, 쥐냐?"

돌풍이 얼굴을 할퀴고 지나가자 이내 동전만한 얼음덩이가 쏟아졌다.

"설마, 여기서 이렇게 죽는 거야? 아냐! 절대로 아닐 거야!"

방향조차 분간할 수 없는 숲에서 나는 20년 전 용하다는 처녀보살이 했던 말을 떠올렸다.

"자네는 명이 길어. 아주 오래 살겠어. 벽에 똥칠할 때까지 살 팔자니까 혈압 조심해!"

그녀는 분명히 내가 명이 길다고 했다.

"Is anybody there? 아무도 없나요? Hello! Hello! 여기요! 여기요!"

목이 쉬도록 소리를 질렀다. 시간이 한참 지났건만 인기척이 없다. 허벅지 근육은 점점 더 심하게 뒤틀렸다. 어떻게 하지? 4년 전 그때와 비슷하다. 북한산에서 구조 헬기를 불러야 했던 그날도 이런 식으로 경련이 시작되었고, 점점 더 심해졌었다. 불길하다. 여기는 스페인이다. 게다가 악명 높은 피레네 산 속이다. 출발하면서 봐뒀던 112구조 요청 번호를 지금 눌러야 하나? 직감적으로 생과 사의 갈림길이라는 게 느껴졌다.

"구조 헬기 비용이 수백만 원이라고 했던 거 같은데……."

죽을지도 모른다면서 그 순간에 한심하게 돈 걱정이 들었다.
"아아 아악! 아아앙! 제발! 제발! 살려주세요! 살려줘!"
나는 울부짖었다. 대체 여길 왜 왔단 말인가. 후회하고 자책하며 필사적으로 처녀보살을 떠올렸다. 그녀만이 희망이었다.
"자네는 장수할 팔자야~."

불필요한 일이었다. 산티아고 콤포스텔라에 가는 것이 목적이라면 기차로, 차로, 심지어 비행기로도 갈 수 있다. 굳이 두 발로 걸어가야 할 필요는 없었다. 어떤 미친 이유로든 수십 일 동안 걷는 것이 목적이라면 그게 꼭 산티아고 길이어야 할 필요도 없다. 우리나라에도 올레길, 둘레길, 어쩌고 길, 또 무슨 길, 길이 얼마나 많은가. 한여름에도 아무 때나 눈이 내리고, 실종과 사망 뉴스에, 심심찮게 누군가가 부러지고 다치는 피레네 산을 넘어, 스페인을 가로지르는 800km를 꼭 걸어야 할 이유는 없었다. 그렇다고 종교적인 이유였냐 하면 그것도 아니다. 학창시절 잠깐 좋아했던 남자아이 덕분에 어쩌다 세례를 받긴 했지만 마지막 주일 미사를 언제 참석했는지 기억조차 까마득하다. 그런 내가 갑자기 800km를 걸어 죄를 용서받겠다는 생각을 했을 리가 있겠나. 그러니까 애초에 내가 이 길을 걸을 필요는 없었던 것이다. 논리적으로는 그렇다.
"산티아고 순례길을 걸을 작정이야!"
하필 그렇게 말해버려서 시작된 일이다. 직원들이 마련해준 송별회 자리에서였다.
"회사 그만두면 뭐 하실 거예요?"
"특별한 계획 있으세요?"
떠나는 이에게 의례 물어봐 줘야 한다는 듯 별 뜻 없이 건네는 흔한 질문이 쏟아졌다. 뭔가 특별한 계획을 말해야 한다고 생각했던 걸까? 마치 오랫동안 결심하고 준비해 온 일인 것처럼 '산티아고'라는 단어가 내 입에서 툭 튀어 나왔다. 산티아고? 말해놓고 나도 놀라 멈칫하던 차였는데 이미 주변 반응은 잘 익은 팝콘처럼 터지기 시작했다. 술잔이 몇 순배 돌았을 때였으니 마음껏 열광하고 흥분할 준비가 되어 있었다. 감탄을 기본 정서로 깔고 구체적인 질문이 쏟아졌다.

"산티아고 순례길이요? 그게 뭐예요?"

"800km를 다 걸으세요?"

"정말 대단하세요. 그거 제 버킷리스트예요."

"그 영화 봤어요. 주인공 아들이 첫날 산에서 죽던데……. 거기로 가시는 거죠?"

"언제 출발하세요?"

그날 밤, 송별회를 마치기도 전에 산티아고 순례길에 관한 모든 것이 결정되었다.

인생이란, 아니 운명이란 때로 이런 식이다. 몇 년 전 수녀이자 영성 훈련가인 조이스럽의 『느긋하게 걸어라』를 읽은 후 가끔 '산티아고 순례길'에 대해 생각했다. 그러니까 아주 가끔씩 생각만 해본 것이다. 그런데 그날 '처음처럼' 몇 잔이 돌면서 산티아고는 내게 거부할 수 없는 운명이 되어버렸다. 운명은 딱히 갈 필요가 없는 길을 떠나도록 만든다. 당연하게 주어지는 안락함을 등지게 하고, 지치고 힘들어 어쩌면 죽을지도 모를 길을 걷게 만든다. 그러니 내가 이 고행의 길에 접어든 이유는 '확실하게 납득할 수 없는 어떤 이유' 즉 운명 때문이었다. 그것이 내 엉덩이를 걷어차 유럽 행 비행기를 타고 여기까지 와서 죽음과 맞서게 만든 것이다.

대체 왜 여길 왔을까. 다음날 실종된 한국 여성으로 신문에 날 지도 모른다는 공포 앞에서 '벽에 똥칠 할 때까지 오래 살 팔자'라는 희망의 끈을 붙잡고 덜덜 떨며

울부짖었다.

"아무도 없나요! Hello! 흑흑흑……."

천둥과 쏟아지는 비가 나의 울부짖음을 그대로 삼켜버렸다. 정말 여기서 이렇게 죽는 건가? 기상은 최악이고 원망스럽게도 숲은 깊다. 오래 전에 트랙을 벗어난 것이 분명했고 헬기가 뜬다 해도 날 찾아낼 가능성은 낮을 것이다. 게다가 이젠 휴대폰 신호조차 잡히지 않는다. 순례길에서 죽을 운명이라니! 쥐어 찢듯 아픈 다리에 마비 증세마저 나타나기 시작했다. 정신이 아득해진다. '내애~ 주~를 가까~이이 하~려~어 하~므~은…….' 절박한 마음으로 생전 불러보지 않은 찬송가를 다 불러댔다. 얼마가 지난 걸까. 어디선가 환청처럼 남자의 목소리가 들려왔다.

"Hello~ Are you OK?"

반쯤 정신을 잃은 나를 발견한 사람은 독일 뮌헨에서 온 순례자 토마스다. 그는 두 달 전 뮌헨에서 출발해 1300km를 걸어온 진짜 순례자였다. 다음날 피레네를 오를 생각이었는데 기상이 더 나빠진다는 일기예보를 듣고 마음을 바꿔 오늘 뒤늦게 산을 오르던 중이었다. 그는 빗속에서 들짐승이 우는 소리를 들었다고 한다. 소리가 가까워질수록 사람일지도 모른다는 생각에 주변을 살피다 나를 발견했다.

토마스는 내게 작은 노란 알약을 하나 먹이고 응급 마사지를 해주었다. 서서히 마비가 풀리고 아픔도 가라앉았다. 온몸을 가득 채웠던 후회와 공포는 눈물이 되어 쏟아지는 비와 섞였다. 그의 부축을 받으며 나는 죽지 않고 살아서 론세스바예스의 알베르게순례자 숙소에 도착했다.

"토마스. 넌 산티아고 길을 왜 걷는 거야?"

저녁을 먹으며 나는 그에게 물었다.

"글쎄. 별다른 이유는 없는데. 그냥 그러기로 결정한 거야. 걸어보기로."

늘 이유가 필요했다. 그 자체가 목적이 되는 삶은 익숙하지 않았다. 산티아고로 떠난다니까 친구들은 의혹과 만류를 쏟아냈었다. 왜? 뭐 하려고? 나는 실용적인 그럴싸한 이유를 찾아내지 못해 어눌하게 둘러대야 했다. 그런데 토마스는 그 이유를 둘러대지 않았다. 그저 '자신의 결정이 곧 이유'라고 말했다. 그제야 내 답도 같다는 것을 깨달았다. 그저 새롭게 시작해 보겠다는 것, 그게 이유였다.

"재희, 넌 왜 걷는 거야?"

"새롭게 시작해 보고 싶어서. 완전히 새로운 시작. 리셋Reset. 산티아고 순례길이 그 시작인 셈이지."

아무 말 없이 옥수수 스프를 먹던 토마스가 웃으며 손가락으로 하늘을 가리켰다.

"저 분한테 얘기해. 이 세상에서 리셋하는 방법을 찾겠다고. 오늘 같은 방식은 싫으니 겁주지 마시라고 말이야."

생장 피에 드 포르Saint Jean Pied de Port 프랑스길 순례 루트를 시작하는 마을. 스페인 국경에서 8km 가량 떨어진 지역으로, 니베 강을 끼고 피레네 산기슭에 위치해 있다.

론세스바예스Roncesvalles 피레네 산맥을 넘어 처음 만나는 순례자 마을. 아름다운 성당과 샤를마뉴, 롤랑의 전투와 관련된 역사와 전설, 예술과 문화를 갖춘 곳이다.

버려야 하느니라
버려야 사느니라

#2 론세스바예스에서 수비리까지, 23km

"어글리 코리안!"

"여기가 클럽인줄 아나? 기본 에티켓도 없어."

어글리 코리안? 돌아보니 어젯밤 숙소에서 만났던 은발 머리 웨인 아저씨와 마이클이었다. 몇 시간 전만해도 천사 미소를 짓고 있던 웨인 아저씨는 상기된 얼굴에 흥분한 기색이 역력했다.

——— '하아악. 으윽. 흡! 끄응…….'

침대 양 옆, 아래 위에서 요상 망측한 신음 소리가 들려왔다. 우레와 천둥 속에서 우박을 맞으며 산을 오른 사람들이 알베르게 곳곳에서 19금 성인 영화를 연상시키는 소리를 내뱉고 있었다. 욱신거리는 몸을 뒤척일 때마다 저절로 앓는 소리가 터져 나왔다. 하루 만에 배낭 끈에 짓눌린 어깨는 부풀어 올라 쓰라렸다. 신음 소리를 배경 음악 삼아 의식을 치르듯 배낭을 뒤집었다. 짐을 줄여야 했다. 버려야 하느니라. 버려야 사느니라.

몰스킨Moleskin 노트의 빨간 가죽을 뜯어버렸다. 파리 피카소미술관에서 득템한 스페셜 에디션 노트가 순례 길에서 무슨 소용이 있으랴. 종이 몇 장 꿰맨 노트면 일기장으로 충분할 것이었다. 하루 만에 휴지통으로 들어갈 허영심을 위해 20유로 넘는 돈을 썼다는 게 후회스러웠다. 선글라스 케이스? 버린다. 렌즈에 흠집이 생길 것을 각오하고 파우치 안에 안경과 선글라스를 함께 구겨 넣었다. 아이젠도 버린다. 앞으로는 피레네만큼 높은 산에 오를 일은 없을 것이다. 새로 장만한 기능성 비옷 바지 역시 너무 무겁다. 판초우비용 망토 하나로 버티겠다고 결심하며 기부함에 넣었다. 마지막으로 거대한 파우치가 남았다. 펼치고 들여다 보니 한숨부터 나온다. 무거운 파우치에는 온갖 약이 가득했다. 맞은편 침대에서 내가 하는 짓을 구경하던 웨인 아저씨가 웃으며 말을 건넸다.

"오 마이 갓. 그게 다 뭐야? 재희야, 너 까미노순례 길에서 약 장사하게? 아니면 의료봉사 왔니?"

정형외과 김 닥터가 처방해준 근육 경련과 강직에 먹는 약 2주일 분, 마사지 튜브 연고, 스프레이 맨소래담, 붙이는 동전 파스, 소염 진통제, 베드버그 퇴치제에 펜 타입으로 찌르는 침구까지. 너무 과하다고? 절대로 그렇지 않다. 나는 산에서 자주 쥐를 만났던 사람이다. 쥐는 전문 용어로 일시적 근육 수축과 경련에 의한 기능 상실이다. 쥐의 공격으로 북한산에서 119 구조헬기를 타야 했고, 눈 덮인 소백산에서는 조난 위기를 겪었다. '매우 세심하게 준비해야 했다.'고 말하고 싶지만 좀 심했다. 일단 너무 무겁다.
웨인 아저씨가 소문을 내는 바람에 침대에 누워 신음하던 이들이 하나 둘 모여들었다. 첫날 밤, 스페인의 수도원 순례자 숙소에서는 한국산 의약품 기부 행사가 열렸다. 거대했던 파우치가 4분의 1로 줄었다.

천둥 번개에 눈, 비, 우박을 맞으며 피레네를 넘었으니 큰 고비는 넘겼다고 생각했는데 둘째 날도 호락호락하지 않다. 비가 내리다 잠시 개는 듯싶으면 이내 또 비가 쏟아졌다. 눈이 녹아 미끄럽고 끈적이는 흙길에서 비옷을 입었다가 벗기를 수십 번이나 했다. 번잡스럽게 오전이 지나갔다. 에로우 언덕에 다다랐을 무렵 Jackson's Cafe라는 푸드트럭을 만났다. 마침 출출하던 차라 사과 하나를 사서 막 자리를 잡았는데 다가오던 두 남자의 대화 중 한마디가 귓속으로 들어와 꽂혔다.
"어글리 코리안!"
"여기가 클럽인줄 아나? 기본 에티켓도 없어."
어글리 코리안? 돌아보니 어젯밤 숙소에서 만났던 은발 머리 웨인 아저씨와 마이클이었다. 몇 시간 전만해도 천사 미소를 짓고 있던 웨인 아저씨는 상기된 얼굴에 흥분한 기색이 역력했다.
"하이! 부엔 까미노!"산티아고 순례길에서 만난 사람들이 나누는 인사로 '좋은 여행하세요'라는 뜻이다.
일단 인사를 건넸다. 웨인은 오하이오 대학에서 생물학 교수를 하다 은퇴했다. 스스로에게 주는 선물로 까미노를 걷는다고 했다. 옆에 있는 마이클은 텍사스에서 온 엔지니어이다. 몇 시간 전까지 두 사람은 상냥한 얼굴로 태권도의 매력에 대해 얘기했다. 꼭 한번 한국에 가보고 싶다며 '강남 스타일'의 말춤을 흉내내기도 했다. 내게서 동전 파스와 마사지용 소염 진통제를 나눠 받은 후엔 얼굴만 마주치면 고맙다고 인사를 건넸다. 그 사람들이 바로 10초 전에 '어글리 코리안'이라는 단어로 나를 찌른 것이다.
"어글리 코리안? 무슨 문제라도 있어요?"
뱉은 말을 주워담으려고 웨인과 마이클이 허둥댔다. 이내 마이클이 미안해하며 솔직하게 털어 놓았다. 좀 전에 만난 동양 젊은이들이 크게 음악을 틀고 걸어서 노래 소리를 피해 뛰다시피 걸어야 했다는 것이다. 나는 동양인이면 다 한국 사람이냐고 따져 물었다. 그러자 마이클이 확인 방아쇠를 당겼다.
"너희 나라 국기를 가방에 붙이고 있었어."
마이클은 조카가 태권도를 한다며 정확한 발음으로 '차렷! 사부님께 경례!'라고 구령을 붙여 동작을 선보였었다. 그가 태극기를 알아본 것이다. 나는 아저씨들과 함께 걸을 것인지, 그들을 기다려야 할 것인지 고민했다. 두 미국인을 먼저 보내고 태극기 젊은이들을 기다리기로 했다.

"산티아고 걷는데 죄다 한국 사람이라더라."
"한국 사람들 몰려다니며 시끄럽게 해서 얼굴 뜨겁대."
"한국에 무슨 일 있냐고 한다잖아. 까미노에 우리나라 사람이 바글바글해서."
떠나오기 전부터 심심치 않게 들었던 말이다. 까미노를 다녀온 한 선배는 말도 안 되는 소리라며, 가보지 못한 사람들이 괜히 심술이 나니까 하는 소리라고 일축했다. 사실 불쾌한 말들 대부분은 실제로 다녀오지 못한 사람들이 전해준 말이긴 했다. 그래도 찜찜했는데 코 앞에서 '어글리 코리안'의 출몰 소식을 들은 것이다. 막상 듣고 나니 모르는 척 떠날 수 없었다. 나는 웨인과 마이클을 앞세운 후 천천히 걸으며 그들을 기다렸다. 수비리로 가는 길에는 내내 내리막과 평지가 이어졌다. 새들이 연신 조잘거렸고, 오른쪽으로는 얼음 녹은 강이 급하게 흐르며 이른 봄 소리를 내고 있었다. 언덕을 돌아 천천히 숲길로 접어드는데, 멀리서 귀에 익은 노래가 들리기 시작했다.

'바라미 조호은 이러언 날이면 난 너너너너너~.'

한국에서 산행 중 만난 연세 지긋한 분의 허리춤에 있던 라디오 소리에 얼굴을 찌푸렸던 기억이 들춰졌다. 쿵쾅거리는 트로트, 디제이가 읽어주는 독자 사연, 때로는 뉴스를 진행하는 앵커의 음성까지. 숲을 걸으며 세상 소리를 억지로 듣고 싶은 사람이 어디 있겠는가. 한번은 넌지시 라디오 소리가 산행을 방해한다고 말을 건넸다가 '나이도 얼마 안 먹은 것이'로 시작해서 '이 산이 네 것이냐'로 끝난 봉변을 당한 적이 있다. 그 할아버지 가방에도 태극기가 붙어 있었다.

어느새 마마무의 노래가 스페인 숲길에 쩡쩡 울리고 있었다.

"부엔 까미노! 한국 분들이시죠?"

"아, 네! 어제 약주신 분 맞죠? 약 먹고 잤더니 진짜 다 풀렸어요."

"저도요. 파스 붙이고 나니 편해요. 아침에 인사도 못해서 아쉬웠는데 감사합니다."

론세스바예스 알베르게에서 인사했던 한국 아이들이었다. 어제 피레네에서 고생한 얘기, 폴란드에서 온 두 사람이 발목을 다친 얘기 등등을 주고 받으며 분위기는 금새 유쾌해졌다. 그 사이 음악은 마마무에게서 트와이스가 바톤을 이어받았다.

"트와이스 지효네요?"

"오! 지효를 아세요? 취향 저격! 완전 좋아요."

그러면서 대구에서 왔다는 S가 볼륨을 높였다. 기회를 보고 있었는데, 좋은 타이밍이었다.
"사실 할말이 있어서 기다렸어요."
미국에서 온 아저씨들이 음악 소리 때문에 불쾌해 했다는 얘기를 전하며, 그들이 태극기를 알아봤다고 말해줬다. 두 눈 지끈 감고 '꼰대질'을 한 셈이다.
"그런 사람도 있고 아닌 사람도 있다 아입니까? 어떤 사람은 지나가면서 음악 좋다 카던데요?"
"그 말은 '너희가 틀어놓은 음악 소리 내 귀에도 들려! 그러니 소리 좀 줄여!'란 뜻일 거예요."
"정말요? 아……, 정말 뭐 그리 까다로워."
순순히 물러서지 않으면 순례길을 클럽인줄로 아는 '어글리 코리안'이라고 말했다고 전할 참이었다.
"알았습니다. 한국 사람 망신을 시키진 말아야죠. 우리끼리 있을 때만 듣고 길에서는 끄자."
대전에서 왔다는 T가 상황을 정리했다. 그는 음악을 끄며 외쳤다.
"모두에게 모두 다른 각자의 까미노. 그 모든 권리를 허하노라!"
젊은이 특유의 발랄함이 보기좋았다. '아줌마가 뭔데 이래라 저래라예요'라며 대들면 어쩌나 걱정했는데, 그러지 않아서 예쁘고 고마웠다.
"이해해줘서 고마워요. 그럼 잘 가고 또 만나요."
"말씀 전해 주셔서 저희가 고맙습니다. 부엔 까미노 하시고 또 봬요."

나는 국가 대항 경기 이외 상황에서 태극기의 소용을 잘 알지 못한다. 옷과 가방에 태극기를 달고 싶을 만큼 한국을 자랑스러워하는 사람도 아닌 것 같다. 하지만 기왕지사 태극기를 붙였으니 아이들은 자랑스러웠으면 좋겠다. 자랑스러운 태극기 앞에 조국과 민족의 무궁한 영광을 위하여 몸과 마음을 바쳐 충성을 다할 것을 굳게 다짐하던 시대는 지났지만, 얘들아! 태극기 휘날리며 어글리 코리안 소리는 듣지 말아다오.

수비리Zubiri 스페인이 낳은 위대한 철학자 하비에르 수비리가 태어난 곳. 론세스바예스에서 아르가 강을 따라 완만한 내리막 길로 23km를 가면 나온다. 바스크 언어로 '다리의 마을'이라는 뜻이다. 아르가 강의 발원지인 에우기 연못과 가깝고 아르가 강에서 송어 낚시를 하는 사람들이 많다.

왜냐고
제대로 묻지 않고 살았다

#3 수비리에서 팜플로나까지, 20.5km

웨인의 말에 의하면 쐐기벌레들의 행진(그래 행진이라고 해주자!)은 자그마치 6일 밤낮을 쉬지 않고 계속되었다. “사람을 기준으로 환산해보면 900마일이거든. 그건 42.195km를 달리는 마라톤을 쉬지 않고, 먹지도 자지도 않고 35번을 반복한 거야.” 사람은 과연 다른가? 무작정 앞에 가는 놈의 꽁무니에 머리를 박고 따라가는 행렬형 쐐기벌레들과 우리는 정말 다른가?

——— 팜플로나Pamplona, 스페인 북부 나바라 지방에 있는 도시. 인구는 약 20만명이다.로 가는 길은 강을 따라 이어진다. 해가 떠오르자 얼음 같던 공기 덩어리가 갈라지고 그 사이로 봄바람이 들어왔다. 떠나기를 머뭇거리는 시린 겨울과 더 늦지 않으려는 봄이 앞서거니 뒤서거니 함께 걸었다. 러브스토리 영화를 수 십 편은 찍을 수 있을 것만 같은 로맨틱한 풍경이었지만, 오후가 되자 지쳐서 입에서는 단내가 날 지경이었다. '힘들어', '죽겠어'라는 말이 절로 나온다.

제대로 잠을 자지 못한 탓이기도 했다. 어젯밤 수비리의 불면은 무시무시했다. 이태리 청년들과 스파게티를 나누어 먹고 와인까지 함께 한 저녁시간까지는 완벽했다. 복불복 침대 배정이 문제였다. 내 바로 위 침대를 쓴 제임스 아저씨는 웅대한 코골이로 침대를 들썩이는 신공을 발휘했다. 잠수부들이 쓰는 실리콘 수중 귀마개로 무장하고 모자와 스카프까지 뒤집어 썼지만 소용이 없었다. 심해에 들어 앉은 듯 윙윙거리는 파동 소리가 온 밤을 들쑤셔 놓았다. 코골이 소리를 막았나 싶으면, 뒤척이면서 들썩들썩 침대를 흔들었다. 질세라 나도 몸을 심하게 뒤틀어 침대를 움직이면 파동이 잠시 멈췄다가 다시 이어졌다. 그런 밤이었다.

이른 봄이었지만 태양의 나라답게 햇살은 눈부시다. 그늘은 겨울인데 해가 비치는 곳은 따스해 나른하게 졸음이 몰려왔다. 다리는 태업에 돌입했는지 움직일 생각을 안하고, 발은 신발 안에서 발화한 듯 뜨거웠다. 쉴 핑계가 간절하던 그때, 앞서 걷던 사람들이 머리를 모으고 둘러서서 웅성거렸다. 사람들 가운데 있던 웨인과 눈이 마주쳤고 그가 빨리 오라고 손짓했다. 나는 배낭을 내리고 사람들 사이로 합류했다.

"행렬형 쐐기벌레야. 앞 놈 꽁무니만 따라가지."

땅바닥에는 어른 손가락 한마디쯤 되는 벌레들이 길게 줄지어 있다. 수십 마리

벌레가 거대한 지렁이처럼 꿈틀거리고 있었다.

"어디로 가지? 서식지를 옮기는 걸까요?"

"그런 거 없어. 무조건 앞에 있는 놈 꽁무니에 머리를 대고 움직이는 거야."

웨인은 워킹 스틱으로 앞쪽에 있던 벌레들을 맨 뒤쪽에 있는 놈의 꽁무니로 옮겼다. 일렬 대형이 올가미 모양으로 바뀌었다. 앞도 뒤도 없는 모양새가 되어버린 것이다. 벌레들은 잠시 정지한 듯 꼼짝도 하지 않다가 다시 꿈틀댔다. 꼬리에 머리, 다시 꼬리에 머리를 대고 일그러진 원형으로 빙빙 돌기 시작했다.

마이클이 신발을 벗고 좀 쉬자고 했다. 봄을 즐기려는 듯 눈 녹은 물이 사방에서 제법 빠르고 세차게 흘러 내려왔다. 그는 어느새 양말까지 벗고 껑충껑충 뛰다가 얼음물에 발을 담갔다 뺐다를 반복했다. 그러면서 쐐기벌레 얘기를 꺼냈다.

"계속 그 자리에서 빙빙 돌기만 할거란 말이지?"

웨인의 실험적 조치를 걱정하던 마이클이 다시 확인했다.

"언제까지? 길 가운데라 풀도 없고 먹을 게 없잖아."

웨인 같은 학자들은 그런 실험하는 게 일이다. 이미 100년 전에 실제로 얼마나 오랫동안 빙빙 도는지 실험 관찰한 결과도 있다고 했다.

"언제 멈추느냐고? 좋은 질문인데? 맞춰봐. 맛있는 말린 사과 줄 테니."

"그 중에 우두머리 같은 게 있지 않을까요? 그 녀석이 방향을 바꿀 때까지 돌겠죠."

"재희는 희망적이구나. 하지만 틀렸어."

우리는 나란히 앉아 마이클을 따라 얼음물에 발을 담갔다 뺐다를 반복했다. 발을 넣으면 불에 닿은 것처럼 화끈하게 차가웠지만, 발목을 타고 겨드랑이까지 상쾌해지는 느낌이 들어 좋았다.

"설마 죽을 때까지 돌기만 하는 건 아니지?"

마이클이 얼음물에서 꺼낸 발을 마사지하다 손을 멈추고 물었다.
"정답이야 마이클. 죽을 때까지 멈추지 않아."
웨인의 말에 의하면 쐐기벌레들의 행진(그래 행진이라고 해주자!)은 자그마치 6일 밤낮을 쉬지 않고 계속되었다. 둥글게 이어진 형태로 500번을 넘게 돌았다. 6일 동안 앞에 있는 벌레 꽁무니에 머리를 박고 움직인 거리는 3.24mile이다. 중간에 한 마리씩 죽었지만 마지막 한 마리가 죽을 때까지도 대형은 달라지지 않았다.
"사람을 기준으로 환산해보면 900마일이거든. 그건 42.195km를 달리는 마라톤을 쉬지 않고, 먹지도 자지도 않고 35번을 반복한 거야."
쉬지 않고 자지 않고 먹지도 않고 죽을 때까지 마라톤 대형에서 뛰는 벌레들을 상상했다. 안쓰럽기도 하고 무섭기도 하다. 사람은 과연 다른가? 죽어서야 끝날 네버앤딩 마라톤. 무작정 앞에 가는 놈의 꽁무니에 머리를 박고 따라가는 행렬형 쐐기벌레들과 우리는 정말 다른가?

'다 그렇게 해', '남들도 그렇게 해', '원래', '여태'. 이런 말은 막강한 최면의 언어였다. 남들처럼 하는 게, 대열에서 이탈하지 않는 게, 대체로 안전해 보였다. 무조건 남들처럼 살았다는 마이클의 말을 들으며 우리 모두 쐐기벌레와 비슷하다는 생각을 했다. 왜냐고, 제대로 묻고 산 적이 별로 없다. 때로는 어떻게 해야 할지 고민하는 대신 주변을 살피지 않았던가? 익숙하게 남들이 하는 방식으로, 학습된 대로 비슷한 무리가 되어 살았다.
남들이 받는 교육을 받았고, 남들이 좋다는 학교에 가고 싶어했고, 일정한 나이가 되어 결혼했다. 다들 그렇게 하니까. 남들이 하듯 적당한 직업을 가졌고 밤낮없이 바쁘게 살며, 내 시간과 자유를 남에게 넘긴 대가로 월급을 받으면서 내 성취의 열매라고 착각도 했다. 바쁜 게 꽤나 멋있다고 생각했던 적도 있었다. 남들처럼 승진하면 별 문제없는 거라고 믿었다. 그러다 문득 회의감이 밀려와도 계속 앞으로 나가게 했던 힘은 어떤 깨달음이나 의지가 아니라 '모두들 이렇게 살아.'였다. 길을 간 것이 아니라 나도 쐐기벌레처럼 무작정 따라 움직였다. 아니라고는 할 수 없었다.

헤밍웨이의 마지막 여행, 팜플로나 유감

#4 헤밍웨이 씨. 나한텐 팜플로나가 그저 그렇네요

헤밍웨이가 생명을 느꼈다는 곳, 방아쇠를 당기기 바로 전까지 간절하게 오고 싶어했던 팜플로나는 대체 어떤 곳이었을까? 헤밍웨이가 마지막까지 그토록 보고 싶어했던 도시 팜플로나가 궁금했다. 버거킹 같은 건 없던 시절, 진짜 팜플로나는 어떤 모습이었을까?

——— 남자는 엽총으로 마지막까지 자신을 지배하던 우울증을 겨누었다. 아끼던 장총을 입에 물었고, 이윽고 방아쇠를 당겼다. 그때 그는 소의 급소를 노리던 투우사를 생각했을까? 절대적 순간 단 한발로 그는 기필코 자유로워졌을까? 그 남자가 가장 사랑했던 곳, 일생 동안 가장 순수한 행복을 느끼게 해주었다는 도시. 스페인 나바라의 주도 팜플로나에 가까워지고 있었다.
헤밍웨이는 그의 첫 번째 장편소설 『태양은 다시 떠오른다』를 팜플로나에서 썼다. 바람 소리를 품은 미소와 세상에서 가장 멋진 턱수염을 가졌던 남자. 헤밍웨이는 죽기 전까지 팜플로나에 다시 가고 싶어했다. 걷기가 힘들 때마다 그가 매일 들러 커피와 위스키를 마셨다는 카페 이루나Iruna를 떠올렸다. 커피와 와인을 마시는 나를 상상하며 힘을 냈다. 팜플로나는 위대한 음악가 사라사테의 고향이기도 하다. 그의 지고이네르바이젠Zigeunerweisen은 문외한이라도 한 번쯤 들어봤을 유명한 클래식 음악이다. 하지만 팜플로나는 사라사테보다는 역시 헤밍웨이의 도시이다.

제대로 알지 못하는 사람이 확신에 가득 찼을 때만큼 위험한 경우도 드물다. 확신에 찬 얼떨리우스 마이클을 믿은 것이 잘못이었다. 그는 분명한 화살표가 가리키고 있는 정해진 순례길 코스 대신 숲과 강을 따라 빙빙 돌며 앞서 걸었다. 슬럼화되었다는 마을을 통과하지 않고 가야 한다는 게 이유였다. 아무 생각 없이 따라가지 말라는 쐐기벌레의 교훈을 까맣게 잊고, 무작정 마이클을 따라 걸었다. 두 세시면 도착할 줄 알았는데 팜플로나는 보이지도 않았다. 모세를 따라 가나안으로 들어가지 못하는 유대 민족처럼, 도저히 길을 잃을 수 없을 곳에서 헤매며 불가사의한 오후를 보냈다.
경치고 헤밍웨이고 다 귀찮을 만큼 퍼져버린 상태일 때 팜플로나 성벽이 나타났다. 우리는 부랑자의 용모를 제대로 갖추고 비로소 마을로 들어섰다. 슬럼이라더니 그런 분위기는 찾아볼 수 없었다. 나는 험상궂은 남자들이 주머니 칼을 이쑤시개로 쓰며 지나는 사람을 해부하듯 쳐다보는 장면을 상상했다. 그런데 웬걸? 흙 바닥에서 풋사과처럼 예쁜 아이들이 축구를 하고 있었다. 이렇게 예쁜 마을을 피해 돌아왔다니. 무작정한 꽁무니 쫓기. 쐐기벌레가 따로 없었다.

"팜플로나의 성벽은 단 한번도 무너진 적이 없어."

마이클이 말했다. 팜플로나는 카이사르Gaius Julius Caesar, BC 100~BC 44, 로마의 장군이자 정치가의 정적이었던 폼페이우스Gnaeus Pompeius Magnus, BC106~BC48 장군이 예수 탄생 64년 전에 세운 요새 도시이다. 폼페일로라는 최초의 이름이 팜플로나가 되기까지, 오랜 세월 끊임없이 이민족의 침략을 받았지만, 성벽을 세운 이후 팜플로나는 한번도 적의 수중에 들어간 적이 없었다. 성벽은 과연 무겁고 두툼했다. 우리는 성벽을 따라 돌며 3km를 더 걸어 해가 기울 무렵 겨우 팜플로나에 도착했다.

"나폴레옹만이 팜플로나를 정복했어."

"아까는 한번도 무너지지 않았다면서요?"

"성이 무너진게 아니라 자진해서 성문을 열어준 거야. 나폴레옹 군대에게 속은 거지. 전쟁 중이었는데 어느 날 눈이 아주 많이 내렸대. 그때 프랑스 병사들이 성 밖에서 눈싸움을 하면서 성문을 열도록 유인했다는 얘기가 있어."

"그래서 성문을 열었다고요? 나가서 눈싸움하려고?"

"응. 정말 스페인답지 않아? 전쟁 중에 눈싸움하려고 성문을 열어주었다잖아!"

4월의 해는 짧았다. 아르가Arga 강 위의 막달레나 다리Puente de la Magdalena를 건너 팜플로나로 들어갔다. 가까스로 도착한 팜플로나에는 과연 중세의 향기가 가득했다, 라고 말할 수 있다면 얼마나 좋을까. 불행히도 버거킹까지 들어선 팜플로나의 네온은 매우 현대적이었다. 거리는 지저분하고 사람들로 북적였다. 유명한 관광지니까 순례자들만 오가던 지난 3일간의 마을과는 다를 수 밖에 없다고 다독여봐도 양미간에 주름이 잡혔다. 고도의 면모는 간데 없다. 바글바글 사람이 모여 있었고, 주말을 맞아 시에스타를 끝내고 서둘러 취기가 오르고 있었다. 젊은이들이 이름 모를 주류를 섞어 마시고 서너 옥타브쯤 톤을 높여 말했다. 그들은 길바닥에서 요상스런 냄새를 풍기는 담배를 피웠다. 나는 나바라 왕국의 수도로 번영을 누렸던 과거가 그대로 남아있는 곳을 상상했다. 하지만 팜플로나의 첫인상은 스페인 버전 복고풍 장식이 요란한 부르클린의 뒷골목 같았다.

“여기서 산 페르민San Fermin 축제가 시작된대.”
팜플로나 시청의 바로크 양식 발코니 앞에서 마이클이 흥분과 열기로 뜨거운 축제를 상상하며 상기된 듯 말했다. 열광하는 사람이 있으면 회의하는 사람도 있다.
“수십 명이 밟혀 죽고 뿔에 받혀서 죽는데 그걸 페스티발이라고 할 수 있어?”
웨인은 냉소적으로 되물었다.
선교를 떠났다가 참수당한 성인산 페르민을 왜 하필 소를 죽이는 축제로 기념하는지 모를 일이다. 13세기부터 시작된 이 축제는 매년 7월 6일부터 14일까지 팜플로나에서 열리는데, 특히 광란의 소몰이 ‘엔시에로’Encierro가 볼거리로 꼽힌다. 투우 경기에 참가할 난폭한 소를 좁은 골목에 풀어 놓고 수천 명 축제 참가자들이 함께 투우장까지 800여 미터를 내달리는 전통 행사다. 하지만 많은 사람이 소에 밟히거나 뿔에 받혀 다치기도 하고 심지어 목숨을 잃기도 한다.
헤밍웨이는 팜플로나에서 산 페르민 축제를 보고 매료되었다. 그 힘으로 『태양은 다시 떠오른다』를 집필했고, 이후 오로지 이 축제를 보기 위해 8번이나 다시 팜플로나를 찾았다. 산 페르민 축제는 『태양은 다시 떠오른다』를 통해 세계적으

로 유명한 축제가 되었다.

축제 때 세계동물보호협회 회원들은 이곳에서 축제에 반대하는 퍼포먼스를 벌인다. 참수당한 산 페르민을 상징하는 빨간 스카프에 허리띠만 매고 반나체로 골목 달리기를 한다나. 문화와 전통에 보편적 잣대를 들이밀기란 어려운 일이다. 괴상하기로 치면 반나체 골목 달리기도 거기서 거기지만, 굳이 둘 중 선택해야 한다면 나는 아무도 죽지 않는 반나체 달리기의 편에 서고 싶다.

"순례자를 위한 미사가 있다는데 안 가실 거예요?"

울산에서 왔다는 윤지가 상냥하게 물었다.

그냥 누워 있기도 힘든 완전 방전 상태였다. 미사에 참여한다고 오랜 냉담을 깨고 다시 '마리아'가 될 수 있는 것도 아니었지만 이왕 여기까지 왔으니 대성당 구경이나 하자는 생각으로 몸을 일으켰다. 성당은 아름다웠다. 대성당은 14세기말에 짓기 시작해서 150년이 지난 후에 완성되었다. 오래된 건축물이라면 의례 그렇듯 팜플로나 대성당도 유네스코세계 문화유산으로 지정되어 있다. 순례자 여권을 보여주니 입장료를 받지 않았다. 성당 앞쪽 긴 의자에 짧은 은발 여인이 홀로 앉아있었다. 우리가 그 옆에 앉으려 하자, 그녀는 턱을 들어올리고 두 번째 손가락을 코 앞에 펴 보이며 머리를 저었다. 분명한 거부의 표시였다.

"왜요? 빈자리인데 왜 못 앉는다는 거예요?"

불쾌했지만 윤지가 끌어당기는 바람에 못이기는 척 뒷줄로 가서 앉았다. 혼자 긴 의자를 차지하고 앉은 무례한 은발 여자가 내 신경을 몽땅 가져가 버렸다. 성당 구경이나 하자고 들어와 벌을 받은 것인지 미사에 집중할 수 없었다.

다음 날, 나는 헤밍웨이의 카페로 유명한 이루냐Iruna에 들렀다. 이루냐는 올드 타운의 골목보다 더 북적였다. 많은 사람들이 헤밍웨이가 즐겨 앉았던 자리에 만들어 놓은 동상 옆에서 사진을 찍으려고 모여 있었다. 일찌감치 사진 찍기를 포기하고 돌아서려는데, 갑자기 말투가 짜증스러운 영어 한 마디가 내 귀에 꽂혔다.
"헤이! 관광객들. 질서를 지켜. 모두 기다리고 있는 거 안 보여?"
핏기 없는 얼굴, 입대하는 신병보다 짧게 자른 은발. 어젯밤 성당에서 만난 그 여자였다. 그녀는 사진을 찍는 동양인들을 향해 메조소프라노 톤으로 소리 질렀다. 팜플로나에 오기 전까지는 이런 종류의 무례한 순례자를 만난 적이 없다. 도시의 분주함과 시시비비까지 모두가 낯설고 거북했다. 헤밍웨이를 느끼며 골목길을 걷고 그가 머물며 책을 썼던 곳에서 하루를 보내려던 마음이 싹 사라져버렸다. 그 길로 맡겨둔 배낭을 찾아 까미노로 나섰다.

'어니스트 헤밍웨이 씨. 나한테는 팜플로나가 그저 그렇네요.'
그가 생명을 느꼈다는 곳, 방아쇠를 당기기 바로 전까지 간절하게 오고 싶어했던 팜플로나는 대체 어떤 곳이었을까? 젊은 헤밍웨이가 실존을 목격했던 1920년대 팜플로나는 이제 상상할 수도 없다. 아쉬움과 실망으로 투덜대며 올드 타운을 벗어나니 오히려 마음이 평화로워졌다. 팜플로나를 떠나는 마음은 마치 오래 짝사랑했던 사람과 고대했던 첫 데이트에서 실망해버린 그런 느낌이었다. 헤밍웨이가 마지막까지 그토록 보고 싶어했던 도시 팜플로나가 궁금했다. 버거킹 같은 건 없던 시절, 진짜 팜플로나는 어떤 모습이었을까?

용서는 정말 신에게 속한 걸까?

#5 팜플로나에서 푸엔테 라 레이나까지, 25km

용서의 언덕을 오르면서 영화 <밀양>의 한 장면을 떠올렸다. 주인공 전도연은 그렇게 울부짖었다.

"내가 그 인간 용서하기도 전에 어떻게 하느님이 먼저 용서할 수 있어요. 난 이렇게 괴로운데 그 인간은 하느님의 사랑으로 용서받고 구원받았대요. 어떻게 그러실 수 있어요?"

———— "용서의 언덕, 알토 델 페르돈Alto del Perdon이 드디어 오늘이야!"
"마을 하나만 지나면 바로 페르돈 언덕이 보일 거래."
오늘은 모두 자비의 언덕, 용서의 언덕 얘기뿐이다. 용서는 예수부터 달라이 라마까지 모든 성인들이 좋아하는 단골 주제이다. 평소에는 지역 맛집이나 주식 시세에 관심이 많던 사람도 까미노에서는 용서라는 주제를 아무렇지도 않게 말하게 된다. 일명 진지함의 병에 걸리는 셈이다.
용서의 언덕은 팜플로나에서 푸엔테 라 레이나Puente la Reina에 이르는 길 중간에 있는 봉우리이다. 순례길에서 가장 유명한 코스 중 하나이다. 브라질의 작가 파울로 코엘료Paulo Coelho, 1947~는 산티아고 체험기 『순례자』에서 이곳에서의 밤을 가장 인상적인 첫날 밤으로 묘사하면서 은하수의 길이라 부르기도 했다. 20년 전에 언덕 위에 세운 순례자 형상의 철물 기념비는 까미노의 대표적인 이미지로 꼽힌다. 대체 어떤 곳이기에 무려 '용서'라는 이름을 갖게 되었을까?

길고 은근하게 가파른 포장도로 언덕을 오르고 시수르 메노르Sizur Menor, 팜플로나 외각의 깔끔한 베드타운 마을을 지나자 360도로 탁 트인 들판이 펼쳐졌다. 말로만 들었던, 눈이 닿는 곳까지 온통 펼쳐질 밀밭의 예고편이었다. 마음껏 늘려 누운 언덕 뒤로 야트막한 산이 보였다. 산등성이에는 용서라는 이름과는 전혀 어울리지 않는, 풍력 발전기가 빨래 집게처럼 줄지어 꽂혀 있었다. 높지도 멀지도 않아 보였는데, 그건 순전히 평원이 주는 착시 현상이었다. 산자락에 자리잡은 마을 사리키에키Zariquiequi, 순례자 편의시설이 없는 작은 시골 마을를 지나자 본격적으로 언덕이 시작되었다. 힘겨운 오르막을 모두 오르기까지 세 시간도 넘게 걸렸다. 언덕이라더니 한라산 성판악보다 고도가 높은 곳이다. 숨은 턱에 찼고 땀은 맺히는대로 바람이 날려 버린다. 풍력 발전기 날개 돌아가는 소리가 얼마나 세던지 거대한 프로펠러가 그대로 튕겨 나가버리지 않을까 걱정스러웠다. 가쁜 숨을 정리할 새도 없이, 바람이 똑바로 서기도 힘들만큼 온몸을 밀어댄다. 겨우 언덕에 올랐는데 자칫하면 언덕 아래로 데굴데굴 굴러갈 것만 같다. 용서의 언덕은 어마어마한 바람의 산이었다.

'donde se cruza el camino del viento con el de las estrellas'바람의 길과 별의 길이 만나는 곳. 쇠로 만든 표식에 이렇게 쓰여 있다. 나바라 대학 교정에서 만난 후로 앞서거니 뒤서거니 함께 걸어온 로사가 바람에 몸을 휘청이며 다가왔다. 로사는 미네소타 도서관의 사서이다. 유럽은 처음이고 미네소타를 벗어나 여행한 횟수도 손에 꼽을 정도라고 했다. 그녀는 천주교 신자였는데, 순례길 여행은 그녀의 오랜 꿈이었다.

"바람의 길인 건 확실하네. 서 있기도 힘들어."

"별의 길이란 순례길을 뜻해. 옛날에 순례자들은 은하수를 따라 걸었거든."

바람에 휘청이는 나를 보며 그녀가 말했다.

"왜 여기를 용서의 언덕이라고 부르는지도 알아?"

"바람이 세잖아. 미움을 여기서 모두 날려보내고 떠나라는 뜻이겠지."

우리는 두 팔 벌려 몸을 뒤흔드는 바람을 맞으며 웃었다.

용서의 언덕을 오르면서 로사는 세상에 용서받지 못할 사람은 없다고 했다. 내게 용서할 수 없는 사람이 있냐고 그녀가 물었을 때 나는 솔직히 말했다.

"당연하지! 세상에 용서할 수 없는 사람 많아. 아니. 정확하게 말하자면 용서하고 싶지 않은 사람이 많아."

"재희야 용서는 다른 사람이 아니라 네가 너에게 주는 축복이라고 생각해 봐."

로사는 순례자다웠고 나는 어림없었다. 공감할 수 없다. 세상에는 뉘우치지 않는 사람이 수두룩한데, 잘못을 저지르고도 아무렇지도 않게 살아가는 사람이 얼마 나 많은데, 심지어 용서를 구하지도 않는데, 그냥 용서의 축복을 받으라니. 약한 사람들, 다친 사람들에게 용서를 강요하는 것은 잘못이 아닌가. 그 순간 나는 영화 <밀양>의 한 장면을 떠올렸다. 주인공 전도연은 그렇게 울부짖었다.
"내가 그 인간 용서하기도 전에 어떻게 하느님이 먼저 용서할 수 있어요. 난 이렇게 괴로운데 그 인간은 하느님의 사랑으로 용서받고 구원받았대요. 어떻게 그러실 수 있어요?"
아이를 유괴해서 죽인 살인자는 하느님에게 용서받고 고요한 평화를 누리는데 아들을 잃은 엄마는 지옥을 산다. 자식이 죽어 아픔과 고통으로 반미치광이가 되었는데, 자식을 죽인 살인자가 평화로운 얼굴로 하느님이 모두 용서해 주셨다고 했다면, 나 역시 그녀처럼 혼절하고 말았을 것이다. 이럴 때 하느님의 용서는 잔인하게 느껴졌다. 죄 지은 사람에게 평화를 주고 다친 이에게 형벌을 주는 것이 하느님 스타일 용서라면, 나는 용서를 이해하고 싶지 않다.

용서의 언덕에서 내려오는 길은 돌밭 너덜길이었다. 작은 바위만한 것부터 주먹만한 돌, 조그만 자갈에 이르기까지, 누군가 일부러 세상의 모든 돌을 부어놓은 듯했다. 발 디디기 힘든 내리막 돌길을 양손에 등산 스틱을 잡고 걸었다. 세상 무엇보다도 등산 스틱이 고마웠다. 원래 무릎이 안 좋은 로사는 내게 먼저 가라고 했다. 천천히 내려 오겠다고 하면서 쩔쩔맸다. 너덜길을 내려가는 동안이라도 스틱 한쪽을 빌려주겠다고 했는데 그녀는 한사코 사양했다. 나는 앞서 내려오다가 내리막길 중간 즈음에 스틱 한 짝을 슬쩍 놓아 두고 걸음을 서둘렀다. 사는 동안 누구한테 빼앗기지 않으려고 뛴 적은 많았다. 지금처럼 선의를 돌려받지 않으려고 재촉해 걸었던 적은 없었다. 평생 처음이었다.

우테르가Uterga, 용서의 언덕을 내려와 만나는 첫 마을로 휴식하기 좋은 지점에 있다.에서 정신을 추스르며 커피를 한잔 마시고 유채와 밀밭이 이어진 길을 걸었다. 때이른 벚꽃 길을 지날 때에도 용서에 대한 나의 물음에 답은 주어지지 않았다. 오바노스Obanos, 중세의 전설과 전통 가옥이 많은 나바라 토호의 마을에 이르렀을 때, 나는 그 답을 구했다.

"내 손으로 누이를 죽였습니다. 용서를 빕니다."

14세기 오바노스의 어느 공작의 딸이 종교적 소명으로 은둔해서 순례자의 삶을 살고자 했다. 집안의 반대는 극렬했고, 그녀의 오빠 기욤을 보내 데려오고자 했다. 동생을 찾아간 기욤은 뜻을 굽히지 않는 동생과 다투다 화가 나 실수로 동생을 죽인다. 동생을 죽인 죄로 괴로움에 몸부림치던 그는 순례를 떠났다. 중세에는 죄인이 산티아고 길을 걷는 것으로 면죄부를 받을 수 있었다. 순례를 마치고 그는 교리에 따라 죄를 용서받았지만, 죽은 동생 대신 순례자로 살기로 결심했다. 그는 눈물과 참회를 그치지 않고 순례하며, 평생 자신의 죄에 용서를 구하며 살았다. 이 비극적인 이야기에서 난 용서의 답을 만났다.

용서받는다는 것은 죄를 고백하고 죄를 갚는 마음으로 살며 양심을 회복하는 것이다. 적어도 하느님이 모든 죄를 용서했다고 감사하며 피둥피둥 평화를 누리는 것은 아니다. 사람은 죄를 짓고 용서는 신만이 할 수 있다면, 용서는 신의 능력일 뿐 사람은 용서할 능력이 없어 자신조차 용서하지 못하게 된다. 이때 우리가 할 수 있는 건 용서를 구하는 것뿐이다. 하지만 누군가에게 잘못을 저지르고 아프게 했다면, 하느님에 앞서 잘못한 대상에게 먼저 진정한 용서를 구하는 게 우선이라고 생각한다. 그래야 용서하지 못하는 사람들과 용서받지 못한 사람들 사이에 하늘에 계신 그 분이 개입할 자리가 생기리라.

푸엔테 라 레이나 표지판이 보이고 제일 처음 나타난 하쿠에 알베르게Jakue albergue에 엎어질 듯 들어갔다. 배낭을 내리다가 다시 로사와 만났다. 어떻게 먼저 왔는지 로사는 눈물 반 웃음 반의 얼굴로 나를 기다리고 있었다.

"너무 고마워. 네가 놓고 간 스틱이 없었으면 나 못 왔을지도 몰라."

"엉? 내 꺼 맞네! 흘리고 왔는데 네가 찾아왔구나! 고마워."

맹세코 난 이런 쿨한 척이나 오글거리는 농담은 질색하는 사람이다. 그날은 왜 그랬는지 모르겠지만. 스틱 한 짝을 내려놓을 때 막연히 돌려받을 수 있다는 것을 알았다. 같은 길을 걷는 사람이니 만날 게 분명하지 않은가. 엄청난 희생을 한 것도 아닌데 로사는 지나치게 감격에 겨워했다. 우린 줄 때와 똑같은 무게만큼만 돌려받는 것은 아닌 것 같다.

늦은 저녁을 먹은 후 로사와 정원에 나왔다. 내일 비가 온다고 했는데 하늘은 거짓말처럼 맑다.

"페르돈 언덕에서 맞은 그 바람 생각난다."

"나도. 평생 잊을 수 없을 거야."

"로사, 아까 못 물어봤는데 계획대로 그 사람 용서해 준거야?"

"그게……. 못하겠더라고. 이름을 부르고 나니 다시 화가 나는 거야. 게다가 바람이 너무 세게 불어서 더는 생각을 못하겠기에 그냥 내려왔어. 헤헤헤~."

로사는 용서할 수 없는 마음을 용서해달라고 그녀의 하느님께 빌었다고 했다. 그럼 된 거 아닐까? 어차피 용서란 그분의 일이라니까. 나는 로사를 꼭 껴안았다. 겨우 나흘 동안 순례길을 걸었다. 달라지기를 바랐다면 그거야말로 욕심이고, 달라졌다면 반쯤은 거짓말이다. 용서의 마법을 체험하고 싶었지만 그런 일은 일어나지 않았다.

"저에게 잘못한 사람을 저희가 용서하오니, 저희 죄를 용서하시옵소서."

로사는 내가 잊고 있던 성경 구절을 말했다. 난 조금 다르게 기도하고 싶다.

"우리는 죄를 짓고 못된 짓을 합니다. 우리는 잘못한 이를 용서하지도 못합니다. 용서는 당신의 능력이니 저희에게는 잘못을 빌 수 있는 용기를 주십시오."

푸엔테 라 레이나Puente la Reina

순례자가 늘어나면서 까미노를 위해, 까미노로 인해 발전한 전형적인 까미노 마을이다. 도시의 이름과 같은 이름을 가진 다리로 유명하다. 로마네스크 양식 아치 여섯 개로 만들어진 다리로 까미노에서 제일 아름다운 다리로 꼽힌다.

세상에서 가장 슬픈 짝사랑

#6 푸엔테 라 레이나에서 에스떼야까지, 22km

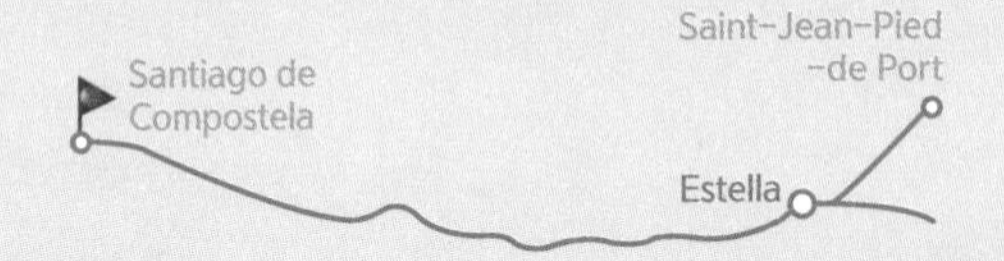

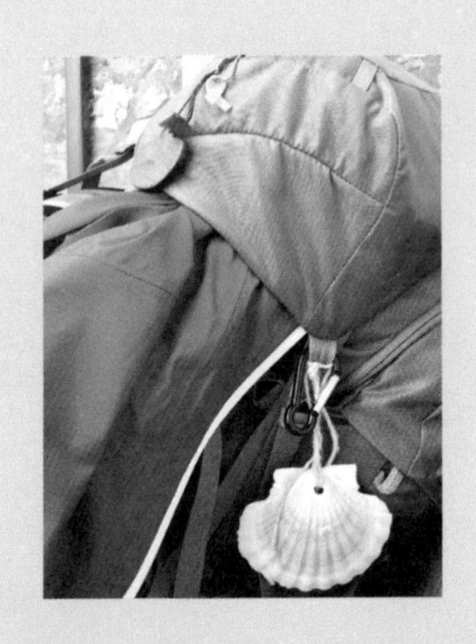

나무 사이로 작은 새끼 당나귀가 보였다. 새로 돋은 잎사귀를 따먹고 비 맞은 나무를 머리로 흔들며 신나게 노는 중이었다. 엄마는 새끼는 찾으며 울부짖는데 녀석은 그러거나 말거나 이른 봄을 만끽하고 있었다. 봄을 즐기며 환희에 차 있는 새끼 당나귀와 목놓아 우는 엄마 당나귀 사이에 내가 서 있었다.

——— 길을 나선 것 자체가 실수였다. 쏟아지는 비에 눈을 뜰 수도 없었다. 깊숙한 계곡과 가파른 비탈길이 이어져 쉴 곳이 보이지 않았다. 신발 안에서 흙탕물이 첨벙거려 몇 번씩 양말을 벗고 물을 짜내야 했다. 판초 위로 떨어지는 비는 무거웠다. 대체 왜 식스센스 급으로 덮쳐 왔던 나의 직감 대신 로사의 일기예보를 믿었을까?

"여기서 하루 더 있을까 봐. 느낌도 컨디션도 별로 안 좋아. 비도 너무 많이 오고."

"날씨 확인했어. 곧 그친대. 게다가 여기는 딱히 볼 것도 없잖아. 하루 쉰다면 에스떼야에서 쉬는 게 낫지."

푸엔테 라 레이나Puente la Reina에서 출발을 망설이는 나를 로사가 재촉했다. 푸엔테 라 레이나는 나바라와 아라곤 왕조 때 중심지 역할을 하던 중세도시이다. 까미노에서 가장 아름다운 다리 푸엔테 라 레이나여왕의 다리가 있어 도시 이름도 푸엔테 라 레이나가 되었다. 여왕의 다리는 11세기에 지어진 로마네스크 양식으로 명성만큼이나 6개 아치가 우아하고 아름답다. 1000년 전, 가죽과 천 쪼가리로 발을 싸맨 순례자가 걷던 다리를, 오늘 나는 고어텍스 워터프루프의 방수 기능을 불평하며 건넜다. 까미노 마을답게 성당이나 십자가마다 전설이 붙어 있다. 중세에 전염병이 사라진 것을 감사하며 순례하던 독일 순례자들의 십자가가 이 도시에 도착하자 저절로 멈춰 섰다. 움직이지 않는 십자가를 봉헌하고 그 자리에 예수 수난 성당을 세웠다. 성당과 시가지를 둘러 봤으니 떠나야 하는 게 맞는데 이상하게 아침부터 망설여졌다. 께름칙했지만 로사의 일기예보를 믿기로 했다. 때로 믿음은 보기 좋게 배신을 당한다. 비가 멈출 기세가 아니었다.

"골목을 걷는 게 그렇게 좋더라. 로제 와인 한잔 마시고 집집마다 붙어있는 로마시대 문장만 구경해도 너무 좋을 거야."

선배는 에스떼야Estella로 가는 길에 있는 시라우키Cirauqui와 로르카Lorca 마을을 지나던 순간을 이렇게 말했었다. 그녀가 중세의 시간 여행을 허락 받았던 이 길에서 나는 빗물에 익사할 지경이었다. 로제 와인을 마시긴 했다. 린넨으로 만든 튜닉Tunic, 고대 그리스와 로마에서 즐겨 입던 패션 스타일. 무릎까지 오는 원피스 형으로 허리띠를 한다.과 블리오Bliaud, 12세기에서 14세기 초까지 유행하던 패션 스타일로 긴 가운 형태이다.를 입은 우아한 여인이 로제 와인을 건네 줄거라 상상했었다. 그러나 내가 만난 현실은 달랐다. 로제 와인은 시식 코너에서 쓰는 플라스틱 컵에 반 모금 정도 담겨 있었다. 순례자에게 '호의'로 나누어 주는 공짜 와인이었다. 와인은 내 혀를 아주 잠깐 데워줬다. 나는 비닐로 꽁꽁 싸맨 순례자 여권을 꺼내 돌기둥에 매달려 있는 기념 스탬프를 찍었다.

6시간 내리 폭포 같이 쏟아 붓던 비는 비야투에르타Villatuerta에서 멈추었다. 비와 바람, 추위에 꽁꽁 얼어 대관령 황태 덕장에 매달려있던 동태 꼴로 카페에 들어갔다. 먼저 도착해 쉬던 로사는 나를 보자 빚쟁이라도 만난 듯 당황한 얼굴이다.
"미안해. 분명히 비가 그칠 거라고 했어."
로사를 보면서 찔린 건 나였다. 비가 오는 게 그녀 책임도 아닌데 걷는 내내 그녀를 원망했으니까. 종일 후회했다는 로사와 괜찮다고 다독이는 나 사이에 끼어든 것은 네덜란드에서 온 노부부 사스키아와 폴이었다.
"일기예보가 뭐야? 그런 건 까미노에 없어"
"없지. 순례 중에 비를 피하는 건 불가능해."
"불가능하지. 출발했으면 그냥 걸어야 해."
"걸어야 해. 그게 순례거든."
암스테르담에서 왔다는 노부부는 코미디 만담 커플을 연상시켰다. 두 사람이 상대의 뒷문장을 받으며 만담을 했다. 이번이 세 번째 순례라는 그들의 요점은 비가 오든 눈이 오든 길을 가야 하며, 가다가 다리가 쉬자는 곳에서 쉬어야 한다는 것이었다. 수없이 들었지만 좀처럼 지키기 힘든 순례길 제 1의 법칙이었다.

"끄아익~. 쒜헥~. 따아악~. 크흡!"
괴상한 소리의 주인공은 당나귀였다. 다급하게 발을 구르고 애절하게 울며 코로는 휘파람 소리를 냈다. 에스떼야까지 4km쯤 남은 지점이었다. 수제비 반죽처럼 끈적이는 진흙탕 길 중간에 당나귀가 말뚝에 묶여 소리를 지르고 있었다. 당나귀는 내게 슬픈 짐승이다. 어떤 시인은 모가지가 길어 슬픈 짐승이라며 사슴을 노래했지만, 모가지가 긴 것쯤이야 평생 짐을 지고 나르는 운명에 비할 일인가? 등에 진 소금이 너무 무거워 휘청이며 물에 빠졌다가, 나중에는 소금이 물에 녹아 가벼워지기를 바라며 일부러 개울에 엎어지던 당나귀. 자기 꾀에 빠져 등이 휘도록 무거운 젖은 솜을 날라야만 했던 녀석은 동화에 등장해서 '아무리 힘들어도 피하지 말라.'는 무섭고 잔인한 교훈을 주는데 이용되기까지 했다.

내 눈 앞의 당나귀는 어쩐지 똥이 마려운 듯 끙끙거렸다. 발을 구르고 큰 입을 비틀고 아앙 아앙 울고 가쁜 숨을 내뿜으며 안절부절 못하고 있었다. 주변을 살펴봤지만 당근 같은 먹일 만한 것도 없었다. 나는 한참을 당나귀 곁에 서서 이해할 리 없는 말을 건네며 당나귀를 달랬다. 당나귀가 무언가 얘기하려 한다는 인상을 지울 수가 없었다. 하루 종일 혼자 걷다 보니 이상 증상이 생긴 걸까? 하여튼 그 녀석이 내게 뭔가 호소하고 있는 것처럼 느껴졌다.
"지진이라도 난다는 거냐? 당장 도망치게 빨리 풀어달라는 거야?"
나의 물음에 당나귀는 그저 절박한 몸짓을 보일 뿐이었다. 옆에서 언제까지 친구가 되어 서성이고 있을 수는 없었다.

'말뚝을 매둔 사람이 있으니 곧 나타나 해결해 주겠지. 주인이 곧 올 거야.'
쉽게 떨어지지 않는 걸음을 옮겼는데 걷는 내내 절박한 당나귀 울음에 머리채를 잡힌 느낌이었다. 야트막한 언덕 하나를 올라서고 나서야 녀석이 울부짖던 이유를 알게 되었다. 그 녀석은 엄마였다!

예전에 쇼핑몰에서 아이를 잃어버린 엄마가 경찰에 실종 신고를 했던 사건이 있었다. 쇼핑 중 잠시 손을 놓은 아이가 사라졌다며 엄마는 울며불며 몇 시간을 헤맸다. 경찰이 감쪽같이 사라진 아이를 찾아 인근을 샅샅이 뒤졌다. 당시는 포켓몬고 게임 광풍이 불던 때였고 경찰은 포켓몬 출몰 지역에서 세상에서 가장 행복해 보이는 실종 아동을 발견했다.
"아가야. 네 이름이 동키 맞니?"
"네."
"여기서 뭐 하는 거야. 엄마가 너 잃어버렸다고 얼마나 우시는지 몰라."
"헤헤헤~. 아줌마 나 여기서 포켓몬 세 마리나 잡았어요."

나무 사이로 작은 새끼 당나귀가 보였다. 새로 돋은 잎사귀를 따먹고 비 맞은 나무를 머리로 흔들며 신나게 노는 중이었다. 어미의 울음 소리가 커지면 멈춰서 귀를 움직이며 그쪽을 향하는 듯 하다가 다시 신나게 깡총거리며 나무를 헤집고 다녔다. 새끼 당나귀 목에 목줄이 달려 있는 걸 보니 함께 묶여있던 것이 분명했다. 아까 그 녀석은 똥이 마려운 게 아니라 잃어버린 새끼를 목놓아 부르는 거였다. 엄마는 울부짖는데 새끼는 그러거나 말거나 이른 봄을 만끽하고 있었다. 봄을 즐기며 환희에 차있는 새끼 당나귀와 목놓아 우는 엄마 당나귀 사이에 내가 서 있었다.
"아가야, 가자. 네 엄마가 얼마나 우는지 몰라. 들리지?"

경찰이 아이를 엄마에게 데려다 준 것처럼 나도 그렇게 해주고 싶었다. 하지만 쉽지 않다. 목줄을 잡아보려 했지만 나의 시도는 매번 빗나갔다. 미끄덩! 철퍼덕! 아기 당나귀는 작지만 암팡진 뒷발질을 하며 더욱 멀어졌다. 진흙투성이가 되어 주저 앉아있던 내 정수리로 웃음소리가 쏟아졌다. 사스키야와 폴이 배를 잡고 웃고 있었다.

"멀리서 네가 새끼 당나귀랑 춤추는 거 봤어. 하하하! 그런데 새끼는 어디로 간 거야?"

"모르겠어요. 더 멀리 가버렸어요. 어쩌죠?"

진흙범벅을 털어주며 사스키야는 만담꾼에서 엄마로 변했다.

"새끼는 다 그런 거야. 엄마는 울어도 아이는 무심하지. 사람이나 동물이나 다 똑같아."

"그냥 내버려 둘 걸 그랬어요. 나 때문에 어미에게서 더 멀어졌으니. 새끼가 길을 잃으면……."

"주인이 곧 오겠지. 그나저나 어미가 불쌍하네."

"나도 엄마라서 그런지 에미가 우는 게 너무 맘 아파요."

"한국 엄마나 네덜란드 엄마나, 사람 엄마나 당나귀 엄마나 에미의 역할은 걱정하는 거고 아이들 역할은 떠나는 거야. 세상에서 가장 슬픈 영원한 짝사랑."

시라우키Cirauqui 푸엔테 라 레이나에서 에스떼야 가는 길에 있는 언덕 마을. 로마가도를 따라 성벽, 문, 집을 구불구불 돌아보면 로마시대로 시간 여행을 떠난 기분이 든다.

로르카Lorca 시라우키에서 에스떼냐 가는 길에 있는 마을. 경관이 아름답고 기념 건축물이 많다. 주민이 친절하기로 유명하다. 나그네에게 포도주를 대접하는 전통이 있다.

CREDENCIAL DEL PEREGRINO

머물고 싶지만 머물 수 없는 도시

#7 에스떼야에서

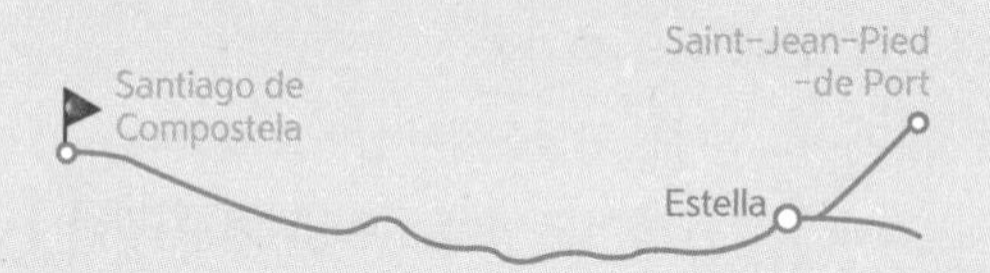

"앗! 두 분 에스떼야에 하루 더 있을 건가요?"

"물론이지. 너도 그러겠다고 했잖아. 오늘은 함께 에스떼야에서 쉬자."

함께 쉬자는 말을 들은 그 순간 난 하루의 휴식을 포기했다. 어딜 가나 이런 사람들이 있다. 나쁜 사람도 아니고 의도도 선량한데 피곤하고 지치게 만드는 사람들. 친절하고 다정하지만, 다정도 병이라 동행하기는 거북한 사람들.

———— "젊은 남자 품으로~ 숨어 들어갔다네~."
"온몸이 녹았네~ 뜨거운 밤을 보냈네~."
"누구였을까~ 재희와 함께~."
"슬리핑 백을 쓴 남자~ 누구였을까~."
아침 식사로 감자 수프를 먹다가 깜짝 놀라 혀를 데었다. 장난으로 하는 소리에 화를 낼 수는 없어서 그냥 듣고 있었는데 샤스키아와 폴 만담 부부는 계속해서 수위를 높였다. 내 신경은 잔뜩 곤두서 있지만 어쩌면 네덜란드 사람들에게 이 정도의 농담은 농담도 아닐 것이다. 네덜란드는 지구상에서 가장 진보적인, 개방적인 나라니까. TV공개 방송에서 버젓이 성기를 노출하는 나라 아니던가. 문제는 내가 한국 사람이라는 것이다. '젊은 남자'와 함께 같은 슬리핑 백에서 잤을 거란 농담을 받아 줄 수 없었다. 오늘 아침 내가 최상의 컨디션으로 보이는 것은 젊은 남자와 온몸이 녹는 뜨거운 밤을 보냈기 때문일 거라니. 말이라고 하는 건지.

어제는 하루 종일 비를 맞고, 새끼 당나귀와 씨름까지 벌인 후 늦게 에스떼야의 공립 알베르게에 도착했다. 나는 사스키아, 폴 부부와 함께 예전에 창고로 쓰였다는 지하에 있는 침대를 배정받았다. 지하층 공기는 냉장고 속처럼 차가웠다. 종일 젖은 몸이 마르기는커녕 더 축축해졌다. 거기서는 도저히 잘 수 없었다. 차라리 다른 숙소를 알아보려고 영어를 할 수 있는 호스피탈레로알베르게에서 순례자를 돕는 자원봉사자를 찾고 있었다. 그때 팜플로나에서 함께 미사를 봤던 윤지가 인사를 건네왔다. 그녀는 한국에서 온 또래 젊은이들과 함께 에스떼야에 도착했다고 했다.
"지하에 있는 침대를 쓰라는데 너무 축축하고 추워. 주변 다른 호텔을 찾아보려고 호스피탈레로를 기다리고 있어요."
"지하요? 위층에 베드 하나 비었던데요?"

"정말? 자리 없다고 모두 지하로 가라고 하던데."
"아녜요. 분명히 제 침대 2층 비었어요. 왜 지하를 줬을까요?"
스페인 순례자 숙소 알베르게는 예약을 받지 않는다. 도착 순서대로 좋은 알베르게, 좋은 침대를 차지하게 된다. 4월초는 비수기라 잠자리 전쟁을 치를 일은 없었지만, 성수기에 다녀온 누군가는 순례길이 아니라 알베르게의 침대를 놓고 선착순 경쟁을 하는 기분이었다고 했다. 평이 좋은 알베르게 앞에는 문을 열기도 전에 도착한 사람들이 배낭을 세워놓고 기다렸고, 늦게 도착한 사람들은 숙소를 잡지 못해 성당이나 공공기관에서 잠자리를 구하거나 노숙하는 경우도 적지 않았다는 것이다. 누구든 먼저 온 사람들이 선택권을 가지는 게 일반적이지만 알베르게에 따라 간혹 호스피탈레로들이 침대 배정에 개입하기도 했다. 이를테면 연로한 사람은 침대 1층에, 젊은 사람은 사다리로 오르내려야 하는 침대 2층에 배정해 주는 식이었다.
여기 알베르게 아래층에는 식당과 주방이 있고, 침대는 위층에 배치되어 있었다. 대충 인원만 체크 하다 보니 착오가 일어난 듯 했다. 사람 좋고 인심 좋고 여유 있기로 유명한 스페인 사람들이었지만 빈틈없고 정확한 일 처리까지 기대하기란 어려운 일이었다. 주문을 받으면서도 무슨 즐거운 일이라도 있으면 자기들끼리 희희덕거리느라 뭘 주문하는지 서너 번 얘기해야 할 때도 많았다. 답답하지만 불만은 없었다. 게다가 그런 실수 덕에 남아있는 침대가 내 차지가 된 것이 아닌가. 일단 관리인에게 알리지 않고 그냥 잠자리만 옮기기로 마음먹었다. 어떤 침대가 비어 있는지를 말하고 제대로 절차를 밟으려면 1박2일이 넘게 걸릴 수도 있었다. 난 배낭을 지하에 풀어둔 채로 침낭만 챙겨 윤지의 위층 침대로 올라가 잤다. 그게 사건의 전말이다.

"홀랜드의 폴과 사스키아를 시체실에 남겨두고"
"한국의 재희는 젊은 남자 품으로 떠나갔다네."
"……."
"알았으니까 그만해. 사람 난로를 찾아갔다면 재희가 똑똑하네. 젊은 남자였으면 더 좋았겠지. 그게 너희가 하고 싶은 말이잖아. 이미 열 번도 넘게 들었어. 그만하고 아침 먹어. 폴."
만담 커플의 입을 닫은 사람도 암스테르담에서 온 외과의사 펠리페였다. 듣기 좋은 노래도 아니고 계속되는 장난에 나는 짜증스러워졌고, 처음엔 웃어주던 사람들도 지루해지던 타이밍이었다. 폴과 사스키야는 뾀쭘한 표정으로 입을 닫았다. 나중에 알게 된 사실이지만 산티아고 가는 길에는 의외로 로맨스나 남녀상열지사가 발생하기도 한단다. 같은 목적지를 향해 가면서 함께 비슷한 어려움을 겪고 한 공간에서 숙식을 하다 보니 쉽사리 동지적 애정이 발생하는 것이다. 야고보 성인은 당신께서 의도하지 않은 일들이 이곳에서 얼마나 많이 벌어지고 있는지 알고나 계실까?

"92유로!"
똑딱이 라이카, 고프로 카메라, 셀카봉. 지난 5일간 전혀 쓰지 않았고 앞으로도 사용할 수 없을 것들이었다. 거금을 들여 에스떼야 우체국에서 한국으로 보냈다. 매일 배낭 속 물건을 버리거나 기증했지만 배낭의 무게는 별로 줄지 않았다. 더는 덜어낼 것이 없어 보였던 배낭에서 카메라와 셀카봉을 빼냈다. 딱 1.5kg을 줄였을 뿐인데 한 10kg쯤 가벼워진 기분이었다. 나는 홀가분한 기분으로 에스떼야를 즐기기로 마음 먹었다.
에스떼야는 워낙 역사적 기념물이 많아 북부의 톨레도라고도 부른다. 11세기에 산초 라미레스 왕이 계획 도시로 세웠으며, 애초부터 부유한 도시였다. 바스크, 유대, 프랑스 사람들이 모여 살았고 상업과 수공업이 발달했다. 고서에도 에스떼야는 좋은 빵과 훌륭한 포도주, 맛있는 고기와 생선이 넘치는 곳이라고 기록되어 있다. 풍요롭고 행복한 도시답게 나바라 왕궁 외에도 고딕 양식과 로마네스크 양식으로 지은 아름다운 성당과 건축물이 많다. 하루 쉬기에는 딱이었다. 유명한 요리 포차스Pochas와 새끼 돼지 구이 카르나스Carnas도 먹어주리라! 나는 부푼 가슴으로 에가 강 벤치에 앉아 알베르게에서 받은 지도를 펼쳐 보고 있었다. 그때였다.

“왜 너 혼자 있어?”

“뜨겁게 당신을 녹여주던 그 남자, 어디 있나요? 낄낄낄.”

오렌지 색으로 옷을 맞춰 입은 폴과 사스키아였다.

“앗! 두 분 에스떼야에 하루 더 있을 건가요?”

“물론이지. 너도 그러겠다고 했잖아. 오늘은 함께 에스떼야에서 쉬자.”

“…….”

“여긴 송어 요리도 맛있고 초콜릿도 근사해. 그렇지 않아도 너 한참 찾았는데. 우리 숙소에 너도 올 거라도 말해뒀어.”

“아, 아녜요. 사스키아! 고마운데 난 사실 지금 막 출발하려던 참이었어요.”

기다렸다는 말을 들은 그 순간 난 하루의 휴식을 포기했다. 어쩌다 마주칠 생각만으로도 피곤이 몰려왔는데 하루 종일, 심지어 같은 숙소라니. 어딜 가나 이런 사람들이 있다. 나쁜 사람도 아니고 의도도 선량한데 피곤하고 지치게 만드는 사람들. 친절하고 다정하지만, 다정도 병이라 동행하기는 거북한 사람들. 마침 어젯밤 위층 침대를 찾아줬던 윤지에게 다시 만나면 저녁을 사겠다고 했던 말이 떠올랐다. 모처럼 비도 그쳐 날이 맑았다.

대체 난 왜 여기까지 왔단 말인가?

#8 에스떼야에서 로스아크로스까지, 21.5km

순례 첫째 주가 가장 힘들다더니 과연 그렇다. 아직 걷는 행위도, 수시로 급습하는 고통도 익숙하지 않다. 피로만 차곡차곡 쌓여 극에 달했다. 풍경이 그림같이 아름다웠던 그날, 나는 '죽을 맛'이 뭔지 알게 되었다. 마을 초입에 처음으로 나타난 알베르게로 들어가 그대로 쓰러지듯 터치다운 했다.

——— 순례길을 걸으면 지난 시간을 돌아볼 수 있을 거란 생각, 그건 착각이었다. 현재의 나를 명상하며 다가올 소명을 알아챌 수 있을 거라더니, 그 또한 착각이었다. 까미노를 걷는다는 것은 깨달음일거라고 상상했다. 이를테면 '산은 산이요 물은 물이로다'라는 큰 스님 말씀에 '그게 대체 무슨 소리란 말입니까?'라고 묻는 대신 눈을 감고 입 꼬리를 내리며 고개를 끄덕이게 만드는 그런 것 말이다. 하지만 오늘까지 까미노는 전혀 그런 대답을 줄 것 같지 않다. 곳곳에 진을 친 상업주의를 만나는 것은 김빠지는 일이었다. 까미노는 야고보를 팔아 그럴듯하게 보이는 좀 색다른 관광 상품일지 모른다는 회의감이 몰려왔다. 까미노란 그저 몹시 고된 걷기 그 이상도 이하도 아니라는 생각마저 들었다. 암스테르담 커플에게 시달리고 아름다운 옛 도시 에스떼야에서 쉬려던 계획마저 좌절되자 마음은 꼬일 대로 꼬여 들었다. 대체 나는 이 스페인 시골에서 뭘 하고 있는 걸까? 에스떼야 구도심을 벗어나자 주유소가 있는 제법 큰 교차로가 나왔다. 조금 더 가면 포도주 수돗가가 있는 아예기Ayege 마을이 있다. 이라체 수도원을 향해 고속도로를 건넜다. 포도주 수돗가Fuente del Vino는 이라체 수도원Monasterio de Santa Maria de Irache 옆에 있다. 수돗가는 한산했다. 성수기에는 와인을 마시고 사진을 찍기 위해 순례자들이 길게 줄을 선다고 했다. 수도꼭지는 두 개다. 왼쪽 꼭지를 돌리면 와인이 나오고 오른쪽 꼭지를 돌리면 물이 콸콸 쏟아진다. 물과 포도주. 중세엔 순례자에게 생명수가 되어주었을 터였다. 지금은 까미노의 이름난 관광 상품이다. 독일에서 온 소녀들이 사진을 찍은 후 떠났다. 수도꼭지를 돌려 와인을 한 잔 받고 있는데, 마침 펠리페가 나타났다.

"에스떼야에서 하루 쉬겠다더니 걷기로 한 거야?"

"응. 그냥 걷고 싶어졌어."

"폴과 사스키아 때문이 아니고? 만났는데 네가 그냥 갔다기에 짐작했지."

"눈치챘구나? 암스테르담 농담은 견디기 힘들어. 너희는 괜찮을지 모르지만 한국 아줌마한테는 안 괜찮아. 아들뻘 남자애를 찾아갔을 거라니! 우린 그런 농담 안 해. 큰일 날 일이야."
"네덜란드 사람은 다 그럴 거라고 생각하지마. 내게도 그건 말이 안 되는 일이니까."
이라체 수도원에서 순례자들이 물과 포도주를 마음껏 마실 수 있게 된 것은 꿈을 이루지 못한 어느 한 사람 덕분이다. 수도사가 되기를 꿈꾸었으나 꿈을 이루지 못한 베르문도는 수도원 문지기가 된다. 수도원에서 나오는 빵과 포도주를 모아 길을 지나는 순례자에게 나눠주었고 나중에 수도원과 순례자를 위한 병원을 짓기도 했다. 베르문도의 뜻을 이어받아 이라체에서는 지금도 순례자들에게 물과 포도주를 나누어 주고 있다.
'산티아고를 향해 가는 순례자여! 한 모금의 포도주가 행복과 힘을 줄 것이다.'
사람들은 대부분 한 잔을 마시거나 수도꼭지에 입을 대고 딱 한 모금만 마신다. 가끔 수통에 물을 받아 챙기듯 포도주를 한 통씩 받아가는 사람도 있다고 한다. 한국 사람들이 주로 그런다는 말을 들었지만 믿고 싶지는 않다. 일단 내 눈으로는 보지 못했다. 그저 만약일 뿐이지만 그러지 마시라.

밀밭과 유채 밭을 지나 이라체 수도원을 벗어나자 멀리 삼각뿔처럼 생긴 산이 눈에 들어왔다. 피레네를 넘던 날의 악몽이 겹쳐지는 뿔 모양 산이다. 그래도 오늘은 비도 없다. 눈도 없고 우박도 없다. 얼음처럼 차가운 날이지만 하늘은 모처럼 맑다. 오르막에서 뜨거운 숨을 쏟아내자 코끝에 살얼음이 맺혔다. 아스께타를 지나 하늘 마을 몬하르딘Monjardín에 도착했을 때 동네 고양이와 놀고 있는 윤지를 다시 만났다. 너무나 반가웠다.

펠리페는 좋은 친구였지만 함께 걷기는 힘겨웠다. 그는 후드득 뛰어오를 듯 걸었다. 보조를 맞추려면 입안의 침이 모두 말라버렸다. 펠리페가 내 속도에 맞춰 주느라 애쓰는 것이 느껴져 더욱 부담스러웠다. 경쾌하게 걷는 20대 윤지와 그를 짝 지워 먼저 보낼 수 있는 좋은 기회였다.
둘을 앞세워 보내고 천천히 따로 갈 수 있어서 기뻤다. 대체 왜 이렇게까지 혼자이고 싶은 것인지는 모르겠다. 하지만 내가 까미노를 걷는 목적이 친구 사귀기가 아닌 것은 분명했다. 초반에 친구가 생겨 끝까지 함께 걷느라 혼자 시간을 보내지 못했다는 경험담을 익히 들어온 터였다. 대단한 목적이 있는 건 아니지만, 절대적으로 고독하게, 혼자 걷는 시간을 즐기고 싶었다.

순례 첫째 주가 가장 힘들다더니 과연 그렇다. 아직 걷는 행위도, 고통도 익숙하지 않다. 피로만 차곡차곡 쌓여 극에 달했다. 아득한 포도밭을 지나자 왼편으로 직선 도로가 보였다. 본격적으로 골반에 통증이 느껴졌다. 로스아크로스까지 숙소는커녕 카페도 없는 길 12km를 걸어야 했다. 처음으로 순례자 한 사람도 보이지 않는 길에서 오후 내내 혼자 걸었다. 왜 산티아고를 걷는 사람 중에서 단 15%만 완주하는지, 어째서 그 많은 사람이 도중에 포기하는지 알게 된 날이기도 했다.
풍경이 그림같이 아름다웠던 그날, 나는 '죽을 맛'이 뭔지 알게 되었다. 하늘은 넓고 바람은 명랑하고 햇살도 수다스러웠는데, 곧게 뻗은 길은 끝이 없었다. 세 시간 남짓이면 충분하리라 생각했건만, 길은 끝없이 이어졌다. 에스떼야에서 늦게 출발한데다 내게는 물도 없었다. 우물가에서 앞서 간 윤지와 펠리페를 만났었다. 로스아크로스Los Across까지 12km는 아무것도 없는 쉽지 않은 길이라며 펠리페는 내게 수통에 물을 채우라고 했다. 하지만 난 펌프에서 바로 올린 지하수를 그냥 마실 용기가 나지 않아 그냥 왔던 것이다. 마을은 보일 생각도 하지 않는데, 다리 근육은 뭉치기 시작했다. 뼈마디가 어긋나는 느낌과 함께 뭔가가 엉치를 눌렀다. 끝없는 길이 원망스러워 눈물이 고였다. 나는 대체 왜 여기에 왔단 말인가? 후회에 후회를 거듭하고 있을 때, 비로소 로스아크로스 마을 표지판이 보였다. 카스티야 왕국과 나바라 왕국 사이에 있던 부유한 마을이었다지만 그게 무슨 소용인가? 그저 나는 너무 힘들었다. 발코니가 있는 아름다운 건물, 고즈넉한 골목길 따위는 안중에도 없었다. 나는 마을 초입에 처음으로 나타난 알베르게로 들어가 그대로 쓰러지듯 터치다운 했다.

아이들은 나비가 되었다

#9 로스아크로스에서 비아나까지, 19km

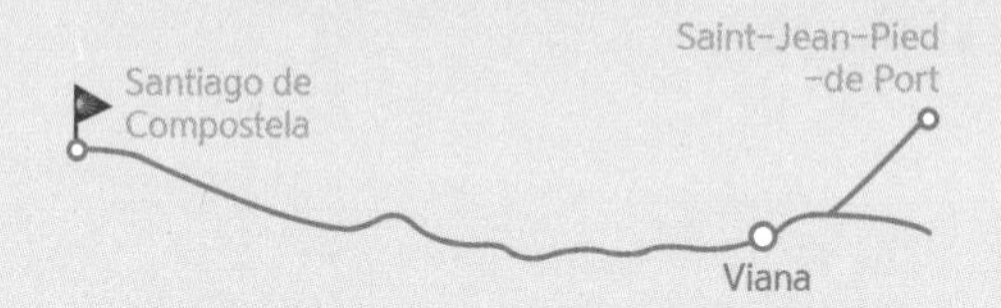

"많이 아프구나. 너한테는 마사지가 필요해. 마사지 치료를 받을 수 있게 내가 알아 볼게."
걱정 가득한 호스피탈레로의 눈동자. 나를 바라보는 안나가 천사로 보였다. 겨우 샤워를 마치고 나오자 안나는 나를 마사지사에게 안내했다. 그녀는 마사지사에게 몇 마디를 건네더니 내게 말했다.
"30분에 20유로. 그런데 10유로만 더 내면 60분이니까, 그게 더 이익이야. 30유로 오케이?"

——— "조금만 더. 바지를 조금 더 내려봐."
우리는 호스피탈레로의 눈을 피해 비어있는 침대로 몰래 숨어들었다. 쉿! 인기척을 느끼고 검지손가락을 입술에 갔다 댔다. 사람들이 지나가기를 기다리다가 펠리페와 눈이 마주쳤다. 갑자기 웃음이 터졌다. 입을 틀어막으며 겨우 웃음을 그치고 그는 내게 재촉하는 눈짓을 했다. 마음을 굳게 먹고 침대에 엎드리기는 했는데 바지 허리춤을 잡은 손은 움직이질 않았다.
"내키지 않으면 그만두자. 재희야 네가 결정해."
머뭇거리는 나를 재촉하던 펠리페가 돌아서던 찰라 밖에서 망을 보던 윤지 목소리가 들렸다.
"뭐해요? 빨리 하고 나오세요."
난 재빨리 바지를 내렸고 그는 내 오른쪽 엉덩이에 주사를 놓았다.

알베르게에 도착했을 때 신발을 벗을 힘도 없었다. 친절한 호스피탈레 안나가 손수 내 배낭을 들어 옮겨주었고, 나는 기어서 침대까지 갔다. 몸이 매트에 닿자마자 온몸을 석고로 깁스라도 한 듯 꼼짝할 수 없었다. 혼절하듯 선잠이 들었는데, 누군가 나를 흔들어 깨웠다.
"샤워 하고 마사지를 받아봐."
안나였다. 나는 눈을 떴다.
"많이 아프구나. 너한테는 마사지가 필요해. 마사지 치료를 받을 수 있게 내가 알아 볼게."
걱정 가득한 눈동자. 엄마 미소를 지으며 나를 바라보는 안나가 천사로 보였다. 겨우 샤워를 마치고 나오자 안나는 서둘러 나를 마사지사에게 안내했다. 그녀는 지저분해 보이는 무지개 빛 휘장을 젖히고 사무적으로 마사지사에게 몇 마디를 건네더니 내게 말했다.

"30분에 20유로. 그런데 10유로만 더 내면 60분이니까, 그게 더 이익이야. 30유로 오케이?"

공짜 마사지를 기대한 건 아니지만, 걱정 가득해 보이던 천사 눈빛이 장삿속이었다는 것을 깨달았다. 게다가 30유로를 내고 받은 마사지는 전혀 테라피라고 할 수 없었고, 마사지라고 부르기 민망한 수준이었다. 우리나라 목욕탕에서 때밀이 아주머니들이 마무리로 해주는 비누 마사지에도 미치지 못했다. 부아가 치밀어 정신이 번쩍 들었다. 그제서야 안나가 모든 순례자들에게 마사지를 강권하는 소리가 귀에 들어왔다.

"마사지가 도움이 될 거야. 너무 피곤해 보인다. 마사지 받아보지 그래?"

초주검 상태로 도착해 기절하듯 잠들지 않았다면, 그녀가 옵션 상품을 팔듯 순례자들에게 마사지 패키지를 권하고 있음을 알아챘을 것이다. 그때 귀에 익은 목소리가 들렸다.

"10유로 거슬러줘."

휘장을 찔끔 열며 50유로를 내민 사람은 윤지였다. 그녀의 목소리에 중강강 세기로 불쾌감이 실려있었다. 윤지도 마을 입구부터 붙어 있던 마사지 '치료'를 받을 수 있는 알베르게 광고를 봤다고 했다. 아로마 옵션마저 강권 받은 윤지는 10유로를 더해 40유로에 마사지를 받은 모양이다. 그녀는 나보다 10유로만큼 더 불만족한 상태였다. 까미노가 정신적 완성을 실현하려는 사람들로 채워져 있는 것이 아니듯, 알베르게를 포함한 까미노의 시설들도 순수하게 순례자를 위한 서비스 정신으로 운영된다고 생각하면 오산이다.

심지어 중세시대에도 인간은 신앙을 이용해 유익을 취했다. 중세에는 순례를 하면 모든 죄를 용서 받는다고 믿었고, 신성을 모독하면 화형까지 시킬 수 있는 시절이었다. 그럼에도 철분이 섞여 붉은 빛을 띠는 강물에 독이 들었다고 속여, 강물을 못 마시게 하고 포도주를 팔았던 사람들이 순례길에 있었다. 까미노는 적절히 신성한 포장지에 싸인 상품으로 팔리고 있다는 것을 인정해야 한다.

신통치 않은 마사지를 받은 윤지와 나는 펠리페와 함께 저녁을 먹다가, 그에게서 항 염증 주사 찬스를 제안 받았다. 펠리페는 스스로에게 인슐린 주사를 놓아야 하는 당뇨 환자이기도 했다.

“그렇긴 해도 너한테 엉덩이를 보여야 하다니.”

“난 너희들에게 남자가 아니라 의사야.”

펠리페가 의사 가운이라도 입고 있으면 몰라도, 나나 윤지나 엉덩이를 내밀어야 한다는 상황은 부담스러웠다. 하지만 관절 위치를 모두 찾아낼 수 있을 만큼 뼈가 떨어져나가는 듯한 고통 속에서 부끄러움은 슬금슬금 약해져 갔다.

까미노에서 파는 오늘의 메뉴 ‘메뉴델디아’Menu del dia는 순례자를 위한 저녁 식사이다. 하루를 열심히 걸어온 자신에 대한 답례로 충분한 와인과 넘치는 칼로리를 섭취하는 것이라고 이해하면 된다. 음식 재료를 사서 직접 조리해 먹는 사람들과 달리 나는 거의 하루도 메뉴델디아를 거르지 않았다. 그것이 하루 평균 25km를 매일 걷고도 해쓱해지거나 날씬해지기는커녕 오히려 튼실해지는 비결이기도 했다. 메뉴델디아로 나오는 와인 한 병을 마신 후 윤지와 나는 용기를 냈다. 차례로 바지를 내리고 그에게 엉덩이를 내밀었다.

주사를 맞은 뒤 우리는 밤거리로 나가 산타마리아 성당과 광장, 카스티야 다리를 돌아보았다. 그 넓은 하늘이 촘촘히 박힌 별로 비좁아 보였다. 걷기 시작하고 처음으로 맑게 갠 밤하늘. 어쩌면 내일은 처음으로 우비 없이 걷게 될지도 모르겠다.

펠리페와 윤지는 로그로뇨Logrono까지 28.5km를 가겠다는 목표를 세우고 아침 일찍 출발했다. 주사 때문인지 마사지 때문인지 나는 알베르게를 닫아야 할 시간까지 늦잠을 잤다. 모두 떠난 로스아르코스 광장의 한 식당에서 아침을 먹다가 한 무리 순례자를 만났다. 나처럼 천천히 느림보 순례를 하는 사람들인 줄 알았는데 버스를 탈 예정이라고 했다. 둘은 컨디션이 좋지 않아 포기했고, 한 사람은 며칠 쉬었다 다시 시작하기 위해 다음 도시로 이동한다는 것이다.

누구나 산티아고까지 간다며 출발하지만, 완주에 성공하는 사람은 15% 밖에 되지 않는다. 85%에 속하게 된 사람들과 아침을 먹고 나니 뭔가 우월감마저 들었다. 비아나Viana까지 19km만 걷기로 마음을 먹었더니, 아침은 부담 없이 상쾌하기만 했다. 계속해서 비가 내리는 바람에 며칠 동안 꺼내지 못한 노란 리본도 다시 꺼냈다. 한국에서 챙겨온 노란 리본 304개는 완주를 위한 일종의 안전 장치다. 중간에 포기하고 싶을 때마다 리본을 길목마다 놓아 주겠다는 나 스스로와의 약속이었다.

"이게 누구야? 아침에 네 생각했는데 딱 만났네!"

돌아보니 푸엔테 라 레이나에서 만났던 루카스였다. 그의 셔츠에는 내가 준 노란 리본이 나비처럼 달려 있었다. 그가 몸을 흔들자 리본도 흔들렸다. 알베르게의 식당에서 그를 처음 만났다. 건너 테이블에 앉았던 그는 나의 노란 리본을 계속 쳐다보더니 다가와 물었다.

"예전에 뉴스에서 봤어. 그 리본 맞지?"

그는 세월호 사건을 정확하게 기억하고 있는 외국인이었다.

"노란 리본을 내 셔츠에도 달아줘. 나도 그 아이들과 함께 걷고 싶어."

루카스는 호주 멜버른 출신 사업가이다. 그는 화이트 리본이 그려진 셔츠를 내게 펼쳐 보였다. 화이트 리본 아래 'Speak out'이라고 새겨져 있었다. 화이트 리본은 학대나 추행을 당하고도 수치심 때문에 말하지 못하는 여성을 위한 인식 전환 운동의 상징이다. 그는 딸과 손녀를 위해 화이트 리본 운동에 참여한다고 했다.

"최근 가까운 친구가 10년 넘게 폭행을 당하며 살았다는 것을 알았어. 성적인 문제인 경우 여성은 추행을 당하고 나서도 고발하는 대신 감추려는 경향이 있잖아. 피해자면서도 비난 받기 쉬워 두렵기도 할 테지만, 수치심을 이기고 당당히 분노하는 것이 먼저야."

그는 여성 스스로 학대, 착취나 폭행을 대하는 인식을 환기하겠다며 캠페인에 참여하고 있었다. 할리우드를 달구고 마침내 우리나라에서도 남성 위주 사회의 치부를 드러내게 했던 'Me too' 운동과 같은 것이었다. 할리우드보다 호주가 더 빨랐던 셈이다. 루카스는 걷는 동안 피해 여성을 위한 쉼터를 짓기 위한 펀드를 조성하고, 더 많은 사람에게 화이트 리본에 대해 알리고 싶다고 했다. 당당히 피해자임을 밝히고 처벌로 가해자에게 수치심을 안겨주는 사회가 되었으면 좋겠다며 순례자들에게 화이트리본 운동에 대해 열정적으로 알렸다. 그리고 나의 노란 리본과도 함께 하겠다고 약속했었다. 오늘 다시 만난 루카스의 셔츠에는 약속대로 노란 리본이 달려있다.

작은 마을 토레스 델 리오를 지나면서 또 너덜길이 시작되었다. 오르막 내리막이 반복되는 좁은 길에 크고 작은 돌이 가득해서 중세부터 '다리를 부러뜨리는 길'이라고 불렸다. 돌이 흔해서인지 주변에 돌무덤과 돌탑이 옹기종기 앉아 있다. 좁은 오솔길로 들어서는데 갑자기 햇살같이 노란 나비 한 마리가 내 뺨을 스쳐가며 앞장섰다. 나풀나풀 하늘하늘……. 공중에 떠서 걷는 것처럼 천천히 움직이는 나비를 따라가던 내 눈이 돌무덤 언덕에 다다른 순간 그 자리에 주저앉을 뻔

했다. 허공에서 하늘거리던 나비 수십 마리가 열정적으로 하늘에서 유영하고 있었다. 뭐라 논리적으로 설명할 수 없지만 나비 무리는 내게 아이들이었다. 멈추어 나를 바라보는 것처럼 나풀나풀 거리다가, 자기들끼리 귓속말을 주고 받듯 속닥거리기도 했다. 지금 생각해도 그 장면은 마치 꿈 같다. 갑자기 내가 애니메이션이나 컴퓨터 그래픽 화면 속으로 들어가버린 듯한 느낌이 들었다.

'말도 안돼. 이거 꿈 아니지? 너희들이니?'

혼잣말을 했는지 생각만 한 것인지 지금은 기억나지 않는다. 몽롱하게 나비 무리 사이에 서서 눈을 감았다 뜨고, 다시 햇살을 받으며 한참을 머물렀다. 그곳은 내가 리본을 놓아둘 자리였다. 노란 리본을 돌탑에 걸었다. 까미노에 와서 처음으로 진짜 눈물을 흘렸다. 너무 벅차고 행복해서. 비로소 까미노가 건네는 말을 어렴풋하게 알아듣게 된 것 같아 자꾸 눈물이 났다. 아이들은 나비가 되었다. 햇살 같은 나비가 되었다.

아이들을 만난 후 비아나까지 어떻게 걸었는지 잘 기억나지 않는다. 돌무더기 사이에 끼워둔 노란 리본을 스마트폰으로 찍었고 그 사진을 꺼내 보며 걸었다.

비아나는 마키아벨리가 『군주론』을 헌정하려 했던 체사레 보르지아Cesare Borgia, 1475~1507, 이탈리아의 정치가가 잠든 곳이다. 비아나에 도착해 그날도 역시 마을 입구에서 가장 가까운 알베르게에 배낭을 내렸다.

말로는 할 수 없는 말

#10 부모라서 느끼는 고통에 대하여

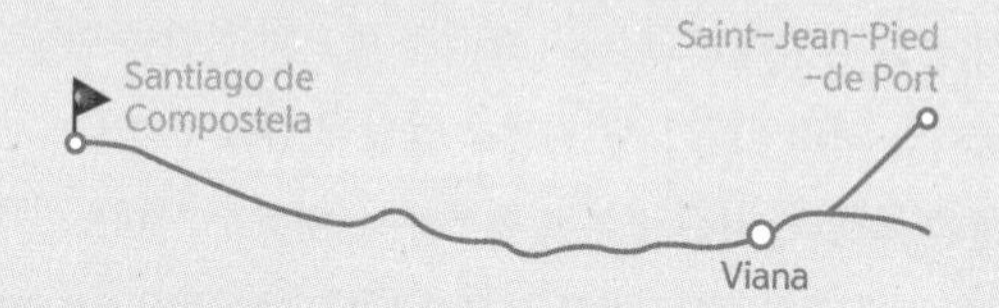

피터는 말수가 적고 진지했다. 나는 독일어를 모르고, 그는 한국말을 하지 못했다. 우리는 영어로 더듬거리면서 신, 우주의 신비, 영적으로 연결된 존재와 같은 무거운 주제로 진지한 대화를 나눴다. 소통이란 말로만 하는 것이 아님이 분명하다. 말로는 할 수 없는 말이 있다.

———— "괜찮은 거야? 정말 괜찮아?"
피터와 미헤엘이 코앞에 있었다.
"걱정 많이 했어. 밤새도록 앓는 것 같더라. 잠들었다가 다시 깨 울고."
지옥 같았던 어젯밤은 전혀 예견치 못한 일이었다. 피곤하긴 했지만 주사를 맞은 후 골반통도 사라졌고, 아이들 같은 노란 나비를 만난데다, 아찔할 만큼 아름다운 비아나에 잔뜩 매혹 당한 상태였다. 피터와 리오하의 와인을 나눠 마신 뒤엔 기분도 최고였다. 파마시아약국 겸 병원 역할을 하는 곳에서 무릎과 다리에 붙일 패치와 먹는 약을 산 후 마음도 편했다. 첫날 한국에서 지어온 약을 순례자들에게 나눠준 후 남아있는 약이 별로 없었다. 밤마다 약이 없이는 잠들 수 없었으므로 절대적으로 예비 약이 필요한 상황이었다. 스페인은 아직 처방전 없이 약사가 약을 지어준다. 약을 챙겨 먹고 볼타렌 연고로 하반신 마사지를 한 후 침낭에 들어갔는데, 엉뚱하게 열병을 앓았다.
아침이 되니 지옥을 지나온 것 같았다. 열병의 증거로 뺨에 열꽃이 피어 있었다. 온몸에도 오톨도톨 빨갛게 돋아 있었다. '이제 다 나았다'고 축하라도 해주려는 듯 오톨도톨 피어난 것들. 그래서 '꽃'이라고 부르나 보다.

나만큼이나 지쳐있던 피터와 미헤일도 비아나 마을 초입에 있는 알베르게를 선택했다. 순례자들은 풍광이 좋기로 유명한 옛 성곽 안에 있는 공립 알베르게를 선호했다. 공립에 비하면 우리가 묵었던 사립 알베르게는 가격도 비싼 편이라 사람은 많지 않았다. 주방에서 떨어진 호젓한 곳에 있는 방에는 우리 세 사람뿐이었다. 밤새 흐느끼며 끙끙 앓는 나 때문에 밤새 덩달아 잠을 설쳤다며 피터가 웃었다. 두 사람 모두 잠을 자지 못한 눈치였다. 미안해하는 내게 피터는 오히려 밤새 아들과 대화할 수 있어서 기뻤다고 했다.

"무슨 얘기를 나눴는데?"

"별거 없어. 그냥 오랜만에 대화한 게 중요해."

"밤을 꼬박 새워 얘기했다며?"

"그냥. 네가 많이 아픈 거 같다, 그런 거. 아침이 되면 의사를 부르자. 뭐 이런 얘기."

밤새 아무 상관없는, 끙끙 앓는 동양 아줌마를 어떻게 해야 할지 대화를 나눴다니. 아들과 오랜만에 얼굴 마주하고 말을 섞은 것만으로도 좋다며 싱겁게 웃는 피터가 조금 안쓰러웠다. 몸이 완전히 가볍지는 않았지만, 두 사람과 함께 걷고 싶어 주섬주섬 준비를 마치고 따라 나섰다.

"미헤일! 이리와 봐. 체사레 보르지아야. 여기가 묻힌 곳이래."

피터의 설명에 미헤일의 대답은 퉁명스러웠다.

"그래서 뭐?"

내 앞에서 대놓고 무안을 당한 피터가 안쓰러워 나도 거들었다.

"아줌마는 이 사람한테 관심 많아. 르네상스의 대표 악당이거든. 마키아벨리가 군주론을 쓰도록 영감을 준 사람이야."

미헤일을 웃겨보려고 묘지 석을 밟는 시늉도 했다.

"알아요. 자기 여동생이랑 근친상간이었어요. 여하튼 나는 옛날 사람한테 관심 없어요."

오스트리아 비엔나에서 온 이 두 남자를 처음 본 곳은 팜플로나였다. 미헤일은 검은 후드 티셔츠를 덮어쓰고 수사처럼 앉아 있었다. 앞에서 피터가 아무리 말을 붙여도 외면한 채 아무런 반응도 보이지 않던 젊은이였다. 헤밍웨이 카페에서 둘을 봤을 때 미헤일은 한국식으로 표현하자면 한마디로 '저런! 저런! 버르장머리 없는

놈'이었다. 둘은 몹시 다툰 사이거나 짐짓 원수처럼 보였다. 미헤일은 이어폰을 끼고 '나한테 말 걸지 마'라는 표정으로 무심하게 걸었다. 며칠 동안 하루에 한 두 번씩 스쳐 지나며 만났는데, 그때마다 내가 건넨 '부엔 까미노' 인사에 한번도 대꾸하지 않았다. 친절하고 자상한 피터 같은 아버지에게 저런 놈이 아들이라니. 하지만 물어보지 않아도 알 수 있었다. 피터가 미헤일을 보면서 가슴 아파하는 모습은 영락없는 '부모통'이었다. 부모 사람만 느끼는 고통.

"요리해주고, 지낼 곳을 마련해주고, 방문 상담도 해."
"문제아들을 돌보는 봉사 활동 같은 거니?"
"처음에는 자원 봉사였는데 지금은 직업이야. 미헤일 덕분에 아예 직업으로 삼기로 했어."
피터는 'Problem Child'를 위한 사회적 서비스를 제공하는 일을 한다. 마약이나 알코올에 중독된 아이들, 어려서부터 사회에 적응하지 못하고 범죄를 저지른 아이들, 미혼모가 된 아이들, 가출하여 보호가 필요한 아이들을 위한 보호소를 제공하는 일이다. 피터와 많은 대화를 나누며 걸었다. 비아나의 열병이 사람 기피증을 완전히 태워버린 건지, 피터가 그런 사람인 건지, 함께 걷는 내내 그렇게 편할 수가 없었다.
피터는 무릎이 아프다며 가끔 찡그리는 표정을 지었다. 나와 걷는 속도가 잘 맞아 종일 함께 걸었다. 다른 날 같았으면 일부러 앞서가거나 뒤로 쳐지며 함께 걷기를 사양했을 텐데 이상하게 피터와 함께 걷는 시간은 힘이 나고 즐거웠다. 그는 일단 말수가 적은데다 따스하고 배려심이 많은 최고 길동무였다.
피터는 미헤일 때문에 10년 넘게 힘들었다고 했다. 미헤일은 정도가 심한 문제아였다. 피터가 일일이 말하지 않아도, 범상치 않은 용모만으로도 짐작할 수 있었다. 다소 무거워 보이는 피어싱 흔적이 눈꺼풀과 눈썹과 코, 입술 할 것 없이 수십 개는 넘어 보였다. 문신도 손등과 온몸을 덮고 있었고, 극단적으로 마른 체구에 얼굴엔 웃음기도 없었다. 둥글둥글 사람 좋고 인상이 편안한 아버지의 모습은 전혀 보이지 않았다.

"아빠와 아들이 함께 산티아고를 걷는 거 보기 좋아."

"처음엔 따라 나설 거라고 생각도 못했어."

"미헤일 스스로 결정해서 온 거야?"

"당연하지. 강요할 수 없는 거잖아. 한번 생각해보라고 하면서도 큰 기대는 하지 않았는데 함께 오겠다는 거야. 기뻤지만 너무 놀랐어."

피터가 미헤일 얘기를 할 때는 걱정과 희망에 묘한 슬픔이 섞인 표정이 된다. 미헤일은 여전히 피터에게 냉랭해 보였지만 처음처럼 완벽하게 무시하는 태도는 아니었다. 제트기처럼 빠르게 사라지듯 걸어 가다가 피터가 멀리서 따라오는 걸 확인하고 다시 앞서 걷는 식으로 아빠와 거리를 유지했다. 중간에 누워 이어폰으로 음악을 듣는다는 핑계로 일부러 아빠를 기다리기도 했다. 마음을 쓰면서 그걸 애써 숨기는 부자관계라니. 왜 부모 자식간에는 사랑 표현이 저리도 고비용인 걸까. 어떻게든 사랑하고 있다는 것을 들키지 않으려는 사람들처럼.

모처럼 발걸음을 재촉하는데 피터는 자꾸만 뒤를 보며 점점 걸음이 늦어졌다. 미헤일 때문이었다.

"걸음이 빠른 아인데 안 오니까 불안해. 기다렸다가 갈게. 재희, 너 먼저 가."

필요 없는 걱정을 일삼아 하는 것이 부모의 숙명일지도 모르겠다. 그날 기다리다 되돌아간 피터에게 미헤일이 짜증을 퍼부었다는 얘기를 나중에 들었다. 모처럼 햇빛 아래 누웠다가 잠이든 것뿐인데 왜 돌아와서 번거롭게 만드냐며.

엄마는 몇 년 전 뇌종양 진단을 받았다. 의사는 수술 외에 다른 방법이 없다고 했고, 엄마는 수술을 받지 않겠다고 고집을 부렸다. 식구 중에서 제일 부지런하고 바쁜 사람이던 엄마. 교회 봉사 활동에다 4남매 집집마다 우렁각시 노릇을 하며 뛰어다니던 양반이었다.
'요즘 자꾸 계단에 걸려서 넘어져.'라는 말이 시작이었다. 어느 날 아침 갑자기 다리를 못 움직이게 되고 나서야 엄마 머리에 손바닥처럼 생긴 종양이 있다는 것을 알게 되었다. 수술을 안 하겠다고 버티던 엄마는 결국 정신을 잃었다. 15시간의 긴 수술. 자식들은 고농도 모르핀으로 정신이 오락가락하던 엄마를 병원 간병인에게 맡겼다. 매일 똑같이 출근을 하고, 종종 맛집을 찾아가 밥을 먹고, 유명 가수의 공연 티켓을 예매했다. 엄마가 눈을 뜨고 처음 한 말은 이랬다.
"미안하다. 나 때문에 너희들이 고생이구나."

미헤일을 대하는 태도를 보며 나는 피터가 좋아졌다. 미헤일은 음악을 듣는다며 대답도 안하고 얼굴도 마주보는 법이 없었지만, 피터는 단 한차례도 미헤일에게 험한 말은커녕 못마땅하다는 표정조차 짓지 않았다. 그냥 웃었다. 그는 미헤일의 상태를 있는 그대로 존중했다.
피터는 말수가 적고 진지했다. 필요한 말 이외에는 하지 않고 행동 언어를 건네는 법을 알았다. 처음에는 과묵한 이유가 혹시 그의 영어가 유창하지 않기 때문일까 짐작했는데 그건 아니었다. 나는 독일어를 모르고, 그는 한국말을 하지 못했다. 그래도 우리는 더듬거리는 영어로 신, 우주의 신비, 영적으로 연결된 모두의 존재와 같은 무거운 주제로 진지한 대화를 나눴다. 소통이란 말로만 하는 것이 아님이 분명하다. 말로는 할 수 없는 말이 있다.

CREDENCIAL DEL PEREGRINO

길에선
문제를 찾을 수 없다?

#11 비아나에서 나바레테까지, 22.5km

스페인 할아버지들이 식사에 초대했다. 리오하의 와인 중에서 가장 맛있다는 생 제이콥을 사서 할아버지들과 함께했다. 할아버지들은 거의 까미노 중독자였다. 식사가 끝날 즈음 마누엘 할아버지가 번역기에 더듬더듬 자판을 찍어 내게 보여줬다. 대충 이렇게 적혀 있었다. "여자여, 한국에서 온 친구 여자여, 웃어라. 길에서는 문제를 찾을 수 없다."

———— 로그로뇨에서 나바레테로 가는 길엔 순례자 사이에서 꽤 유명한 할머니 집이 있다. 순례자에게 물과 무화과를 나눠주던 할머니는 2002년에 돌아가시고 지금은 할머니의 딸이 이어가고 있다고 했다. 집 주변에 화분과 접시가 쌓여있어 멀리서도 한눈에 알아볼 수 있다. 들은 대로 커피와 샌드위치가 무료였다. 하지만 커피는 식어서 미지근했고, 치즈가 한 장 들어있는 샌드위치는 말라서 버석거렸다. 커피, 샌드위치와 나란히 도네이션 박스가 놓여있었다. 방명록을 적는 테이블에서는 순례와 관계된 물건을 판매하고 있었다. 내가 비뚤어진건가? 상업적인 장치로 선의를 이용한다는 생각이 들어 서글펐다. 공짜 커피가 따뜻했다면, 한 입 샌드위치가 촉촉하고 정갈했다면, 기념 배지 하나쯤은 샀을 지도 모르겠다. 그래도 도네이션 박스는 당당해 보였다. 식은 커피 한 모금을 마셨을 뿐이지만 쭈뼛쭈뼛 도네이션을 했다.

"제발 이쯤에서 포기해주시지! 그만 좀 따라와욧!"
나바레테 마을 입구에 있는 아크레 순례자 병원터를 지나면서 나는 미켈란젤로를 따돌리기로 마음먹었다. 따라오는 그에게 잡히지 않기 위해 쉬지도 못하고 숨이 턱까지 차오르도록 걸었다. 그를 만난 곳은 로그로뇨의 산타 마리아 대성당 앞이었다. 원래 이름은 마이클이지만 까미노에 마이클이 너무 많다며 미켈란젤로라고 불러달라고 했다. 이태리 베니스에서 태어나 지금은 런던 근교에서 식당을 경영하고 있는 할아버지였다. 그는 걸음이 느렸다. 그를 앞서거니 뒤서거니 걸었다. 할아버지 가방에 독특해 보이는 리본이 매달려 있었다.
미켈란젤로는 사라고사Zaragoza, 스페인 북동부 아라곤 지방 사라고사 주의 주도에서 순례를 시작했다. 사라고사 성모 필라르 성당은 야고보 성인에게 발현한 성모가 축복해준 기둥 위에 세운 것이라고 한다. 스페인 내전 때 성당으로 떨어진 폭탄이 모두 터지지 않아 더 유명해졌다. 할아버지는 리본을 가리키며 성모 필라르 성당에서 보호의 표징으로 받은 거라고 했다.

"네 노란 리본엔 무슨 뜻이 있어?"

의미를 설명해주자 그가 성호를 그렸다. 미켈란젤로는 아내와 사별했는데 놀랍게도 그의 아내가 세상을 떠난 날은 한국의 진도 앞바다에서 비극이 일어난 날이었다. 영국과 한국에서, 동일한 날 일어난 개별적인 사건 때문에 몇 마디 나눠보지 않았지만 그가 가깝게 느껴졌다. 그는 산티아고까지 노란 리본을 달고 걷고 싶다고 했다. 미켈란젤로 할아버지와 하나뿐인 사과도 나눠먹고 길에서 산 오렌지도 잘라 먹었다. 할아버지가 더 편하고 친근하게 느껴졌지만 친근함은 오래가지 못했다.

"며칠 동안 너무 추웠어. 오늘은 목욕할 수 있는 호텔에서 묵는 게 어때?"

"……? 전 그냥 알베르게에 묵을 생각이에요."

"트윈 베드가 있는 방을 얻자. 반반씩 부담하면 가격은 별 차이가 없다고."

"미켈란젤로, 지금 나랑 방을 함께 쓰자는 거예요?"

"뭐 어때? 침대를 같이 쓰자는 게 아니라 방을 같이 쓰자는 건데. 왜 그리 놀래?"

도저히 수긍할 수 없는 황당한 제안이었다. 사실 이미 이런 종류의 사람들 얘기를 들어본 적이 있다. 흔한 레파토리는 혼자 걷는 여자들에게 접근해, 복잡하고 누추한 알베르게를 떠나 호텔에서 묵자는 것이라고 했다. 까미노는 짧게는 한 달, 길게는 수개월씩 금욕 기간을 필요로 한다. 먹고 자는 것은 그다지 절제할 필요가 없으니, 콕 집어 말하자면 성적인 금욕 기간을 말하는 것이리라. 긴 시간 같은 목적지를 향해가면서, 결이 비슷한 내적 동기를 가진 사람들을 만나다 보면 서로 의지하고 이끌릴 수도 있을 것이다. 드물기는 해도 혈기왕성한 남녀가 까미노 기간 중 합의하에 섹스 파트너로 지내기도 한다니, 인간 본성이란 아이러니가 아닐 수 없다. 굳이 모든 것이 완전히 구비된 집을 떠나와서 육체적 정신적 한계에 도전하며 무언가를 찾겠다는 이들이 세면 도구를 준비하듯 욕망의 분출구를 마련한다면 대체 그 힘든 길을 걷는 이유가 뭐란 말인가?
미켈란젤로의 의도가 진정으로 '순수하게' 싼 비용으로 호텔을 이용하자는 뜻이었다 하더라도 나의 대답은 NO였다. 확실하게 거절했는데 할아버지는 포기하지 않고 계속 설득해보려 했다. 리본 우정이니 뭐니 하며 의기투합했던 몇 시간을 생각해서라도 그가 불순하다고 생각하고 싶지 않았지만 더는 함께 걷는 것 조차 싫어졌다. 이 노인네를 따돌려야겠다는 생각에 초인적인 힘이 솟아 올랐다. 나눠먹은 사과와 오렌지가 속에서 신물이 되어 올라왔지만 나바레테 언덕 꼭대기에 있는 알베르게에 도착할 때까지 한번도 쉬지 않았다.

스페인에서는 와인이 물보다 싸고 물만큼 신선하다던 말은 사실이었다. 하루 종일 걷고 나서 저녁에 상으로 받는 순례자를 위한 오늘의 메뉴에는 일인당 와인 한 병 혹은 반 병이 함께 나온다. 순례자란, 아침에 해와 함께 일어나 하루 종일 죽기 전까지 걷고 저녁에는 배가 터지도록 먹고 자는 사람들이라는 뜻이기도 했다. 같은 패턴이 매일 반복된다. 까미노에 오기 전까지, 아무리 와인을 좋아하는 사람이라도 매일 와인을 한 병씩 마신다는 얘기는 들어보지 못했다. 까미노에서는 순례자 대부분이 저녁에 나오는 와인을 남김없이 다 마신다. 예수님의 피라고 생각해서 남기지 못하는 것 같지는 않다. 추가 주문하는 경우도 흔했으니까. 나바레테는 스페인에서 가장 작은 자치구 리오하La Rioja에 속해 있다. 이곳은 스페인 최고의 와인 생산지로 유명하다. 다른 지역 와인도 모두 훌륭했는데 리오하 와인은 과연 어느 정도일까?
미켈란젤로를 무사히 떼어 내고 도착한 나바레테의 알베르게에서 스페인 할아버지 3인조를 만났다. 그날 나는 할아버지들과 같은 방을 쓸 운명이었던 걸까? 할아버지들과 같은 방에 침대를 배정받았다. 수십 명이 남녀 구별 없이 벙크베드를 쓰는 것이 보통이고 평소라면 신경도 쓰지 않을 일이었는데 오늘은 편치 않았다. 저녁 식사를 제공하지 않는 곳이라 밖으로 나가 먹으려는데 스페인 할아버지들이 식사에 초대했다. 리오하 와인 중에 가장 맛있다는 생 제이콥을 사서 할아버지들과 함께했다.

마누엘 할아버지는 거의 까미노 중독자였다. 지금이 11번째 순례길이었다. 리틀 마뉴엘 할아버지도 세 번째, 페르난도만이 나처럼 처음이었다. 할아버지들은 스마트폰 번역기 없이는 간단한 영어도 말하지 못했다. 일일이 번역기로 확인하며 뜻을 통하기도 번거로웠고 어느 순간 부질없다는 생각이 들었다. 우린 차라리 노래하기로 했다. 신상 따위는 몰라도, 무슨 생각을 하는지, 뭐가 고민인지 알지 못해도, 길을 찾고자 길을 나선 인간으로서의 호의와 감정은 얼마든 공유할 수 있었다. 그게 노래의 힘이었고 와인의 힘이었다. 식사가 끝날 즈음 마누엘은 번역기를 켜더니 더듬더듬 자판을 찍어 내게 보여줬다. 대충 이렇게 적혀 있었다.

"여자여, 한국에서 온 친구 여자여, 웃어라. 길에서는 문제를 찾을 수 없다. 올리브 열매처럼 많은 웃음, 웃음을 주워가라."

까미노의 마법, 필요한 것은 반드시 나타난다

#12 나바레테에서 아조프라까지, 24km

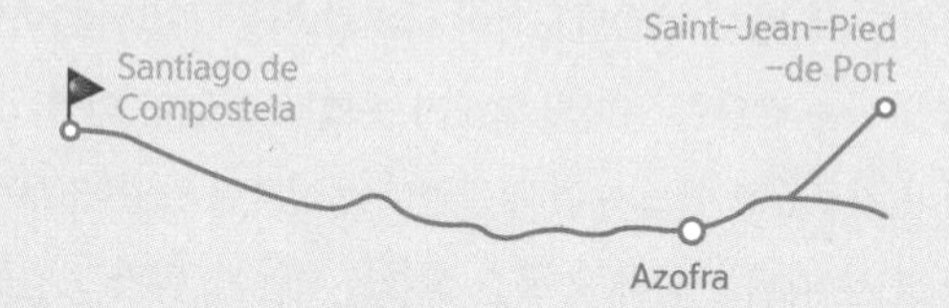

까미노에서는 몇 가지 마법이 일어난다. 첫 번째는 만날 사람은 반드시 다시 만난다는 것이고, 두 번째 마법은 필요한 것은 반드시 나타난다는 것이다. 나타나지 않는다면 그것은 꼭 필요하지 않은 것이라는 뜻이다.

——— "커피 한잔만. 제발 따뜻한 커피 한잔만……."
장대비가 내리는 나바레테를 떠나 벤토사Ventosa까지 7km를 가는 동안 단 한가지만 생각했다. 따뜻한 커피. 단 한잔의 따끈한 커피. 그것만 있으면 모든 문제가 해결될 것 같았다. 앞이 보이지 않을 만큼 비가 내리고 있지만, 걷다 보면 마을이 나타나고, 마을에는 따뜻한 커피를 마시며 쉴 수 있는 바Bar가 있을 것이다. 알고 보면 이렇게 단순한 목표들이 까미노를 걷게 한다. 그 순간 목표는 산티아고가 아니라 2시간 후의 커피 한잔, 서너 시간 후의 저녁식사, 평판이 좋은 알베르게가 되는 것이다. 매일, 매 순간 작은 목표가 생기고 그것을 향해 걷다 보면 결국 목적지에 닿을 것이다. 까미노를 걷는 것은 이렇게 인생을 걷는 것과 닮아 있었다. 하지만 정작 따뜻한 커피를 마실 수 있게 된 건 벤토사에서 12km를 더 걸어 도착한 나헤라Najera에서였다.

"내가 총을 겨눈 것도 아닌데 왜 그렇게 굳어 있어?"
"잘 그려줘. 이왕이면 예쁘게."
"난 예쁘게 그리는 건 못하는데."
라스는 덴마크에서 온 일러스트레이터이다. 비를 피해 카페에 들어왔다가 그를 만났다. 그는 잉크와 펜, 연필, 파스텔 통을 늘어놓은 채 무심한 표정으로 무언가 그리고 있었다. 그는 영국의 유명한 만평가 랄프 스테드먼Ralph Steadman, 1936~을 연상시키는 외모였다. 호기심에 그가 앉은 테이블로 가 인사를 하고 앉았다. 그는 커피에 럼주를 넣어 마시고 있었다. 나는 그에게 오늘 얼마나 고생스러웠는지, 비가 오다 멎고 다시 폭우가 쏟아진 하루에 대해 불평했다. 말없이 장단을 맞추던 그가 선물로 나를 그려주고 싶은데 괜찮으냐고 물었고, 나는 흔쾌히 수락했다. 멋진 그림을 건네 받을 생각을 하니 마음이 부풀어 올랐다. 그는 편하게 전처럼 그냥 얘기하며 앉아 있으라고 했지만, 나는 잘 그려진 초상화 하나 받을 욕심으로 얌전히 앉아 있었다. 하지만 그가 내게 선물한 그림은 초상화가 아니라 장대비가 쏟아지는 길을 걷는 어떤 사람이었다. 여자인지 남자인지 알 수 없는, 커다란 배낭을 메고 워킹 스틱에 의지해 걷고 있는 순례자.

"멋있어. 근데 이건 내가 아니라 그냥 비 맞는 사람이잖아! 얼굴을 그린 것도 아니고 옷도 내 옷 같지 않은데, 이 사람이 어딜 봐서 나라는 거야?"

"오늘의 너야. 하루 종일 비를 친구 삼아 걷고 있는 너. 너 같지 않아?"

그제서야 내가 보였다. 라스는 그림을 그리며 종종 날 쳐다봤는데 내 코, 눈, 머리카락 따위를 본 것이 아니었다. 종일 비를 맞은 나를, 그러면서도 계속 걷고 싶은 나를, 온몸이 다 얼었다면서도 다시 빗속으로 들어가려는 나를 바라본 것이다. 양을 그려달라고 했던 생텍쥐베리의 어린 왕자가 생각났다. 그려주는 양 그림마다 아파 보인다, 슬퍼 보인다며 내 양이 아니라던 어린 왕자는 상자 하나를 그려주자 그 안에 자기 양이 있다고 좋아했었다. 왜 우리는 눈에 보이는 것만 믿을까. 얼굴이나 옷이 아니라 비를 맞이하는 마음이 내 모습이라고 알려준 라스 덕분에 기분이 좋아졌다.

"라스. 고마워. 그러고 보니 딱 나야. 정말 맘에 들어."

나는 그의 그림 때문에 오늘의 목적지를 바꾸었다. 나헤라Najera까지만 걸으려고 했었는데, 마음을 바꿔 더 걷기로 한 것이다. 그림 속 순례자는 불평 없이 묵묵히 행복하게 비를 맞고 있었다. 비를 맞으며 걷는 내 모습은 오늘의 또 다른 내 목표가 되었다. 나는 그림 속 순례자처럼 2시간6km을 더 걸어 아조프라Azofra에 도착했다.

까미노에서는 몇 가지 마법이 일어난다. 첫 번째 마법은 만날 사람은 다시 만난다는 것이고, 두 번째 까미노의 마법은 필요한 것은 반드시 나타난다는 것이다. 나타나지 않는다면 그것은 꼭 필요하지 않은 것이라는 뜻이다. 오늘은 두 번째 마법이 나에게 이루어진 날이다. 나헤라에서 그만 걸으려고 했던 이유는 배낭 속 옷까지 완전히 젖어 입을 것이라곤 하나도 없었기 때문이다. 며칠 동안 하루도 빠지지 않고 내린 비에 온전한 옷이라곤 하나도 없었다. 초기능성 판초 우의를 입고 있긴 했지만 계속된 비를 당해내기엔 한계가 있었다. 세탁은 물론 건조까지 되는 호텔에 머물 생각이었다. 나는 전형적 도시인이었지만, 까미노에서 만난 로그로뇨처럼 나헤라도 너무 북적여서 당황스러웠다. 때 맞춰 라스가 나타난 것이다. 그리고 그가 그려준 순례자 모습에 힘을 받아 나는 아조프라에 도착했다. 컴컴하게 이미 해가 진 후였다. 춥고, 너무나 피곤하고, 완전히 젖어있어 불행하다는 생각이 들었다. 그때 이스테트가 나타났다.

"짠! 순례자여, 열렬히 환영합니다."

처음엔 알베르게에서 일하는 사람인줄 알았다. 판초 우의를 벗겨 털어주고, 배낭을 함께 내려주고, 벗어놓은 등산화에는 신문지를 구겨 넣어줬다. 나는 그녀를 해가 진 후 겨우 도착한 순례자를 살뜰히 챙겨주는 맘 좋은 호스피탈레라고 생각했는데, 웬걸 그녀는 스웨덴 예테보리에서 온 순례자였다. 그녀는 오늘 발목을 다쳤다고 했다. 나헤라에서 21km 거리에 있는 산토도밍고Santodomingo de la Calzada까지 가려고 했는데 발목 때문에 이곳에 머물게 된 것이다. 그녀는 알베르게가 문 열리기를 기다렸다가 1호 순례자로 들어와 일찌감치 샤워와 세탁을 마치고 쉬는 중이었다. 독서를 하다가 창 밖으로 비를 맞고 오는 나를 봤다고 했다.

"오늘 정말 운이 좋지 뭐야. 여긴 모두 싱글베드라구! 심지어 건조기도 있어!"

아소프라는 나헤라와 산토도밍고 사이에 끼어있어 대부분의 사람들이 지나치는 지점에 있다. 호텔 숙박을 포기하고 더 걸어온 이곳에서 까미노 순례 9일만에 처음으로 벙커베드2층 침대가 아닌 보통 침대에서 잘 수 있게 되었다. 호스피탈레로는 2유로에 배낭 속 모든 옷을 세탁하여 뽀송뽀송하게 건조까지 시켜줬다. 행복과 불행은 '물에 젖은 옷이냐 잘 마른 옷이냐'로 결정된다는 것을 그날 깨달았다. 마른 옷을 입고 싱글베드에 누웠다. 나헤라에 묵었다해도 이보다 더 좋은 호텔을 찾을 수는 없었을 것이다.

까미노에선 필요한 것은 반드시 나타난다. 나타나지 않는다면 그것은 꼭 필요하지 않은 것이다.

해가 솟듯
무언가 가슴에서 솟아 올랐다

#13 아조프라에서 그라뇬까지, 22km

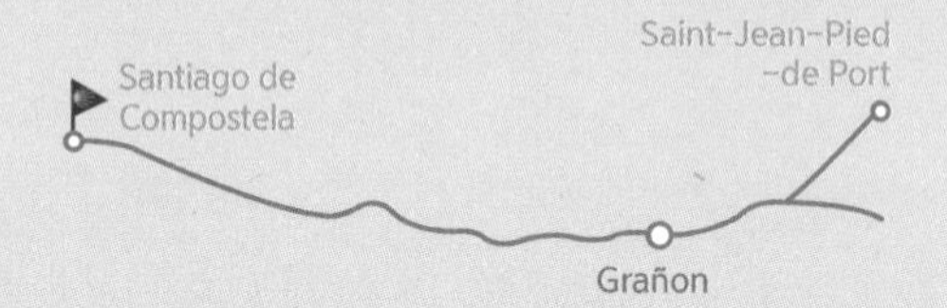

그라뇬의 산후안 필그림 호스텔엔 설거지는 남자들이 해야 한다는 아름다운 전통이 700년 동안 이어져 오고 있다. 유서 깊은 전통은 기필코 수호해야만 하기에 여자들은 최선을 다해 빈둥거리다가 순례자 미사에 참가하기로 했다. 순례길 10일째가 저물고 있었다.

——————— "아리로랑~ 아리로랑~ 라라따~ 리라랑~"
모처럼 화창하게 갠 날, 유채꽃이 가득한 언덕을 걷고 있었다. 산토도밍고로 향하고 있었는데 뒤쪽에서 괴상한 아리랑이 들려왔다. 음정도 가사도 완전히 엉터리였지만 분명 아리랑이었다. 돌아볼까 하다가 말았다. 풍경이 너무 아름다웠다. 마음이 풍등처럼 둥둥 떠올라 하늘을 날아가는 기분을 만끽하고 싶었다. 어느새 노랫소리가 가까워지더니 급기야 '발뿡이나아안다~'는 가사가 귓속으로 밀려들었다. 뒤를 돌아보니 트레비소이탈리아 북동부 베니스 위에 있는 소도시에서 왔다는 이탈리아 친구들이었다. 여러 번 스쳐 지나다가 나바레테 성당에서 만나 통성명을 하며 안면을 텄다.
"저 사람들 분명 이태리 사람들일 거야."
며칠 전 피터가 앞서 걷는 사람들을 가리키며 말했다.
"어떻게 알아? 컬러가 화려한가? 그래 봐야 트래킹 복장인데."
"옷이나 가방 컬러 때문이 아니야. 모르겠어?"
"글쎄……. 한국에선 이태리 남자같이 생겼다는 말은 잘생겼다는 뜻이야. 근데 뒷모습만 보고 어떻게 알지?"
정답은 우산이었다. 피터의 추측의 근거는 '컬러 양산 겸 우산을 워킹 스틱처럼 배낭에 꽂고 걷는다'는 것이었다. 까미노를 걷는 사람은 대부분 우산을 쓰지 않는다. 비옷과 모자 레인커버만 착용하고 걷는 게 일반적이다. 하루에 평균 25km를 넘게 걷는데 우산이 얼마나 거추장스러울지는 잠깐만 상상해도 알 수 있다. 그의 말대로 그들은 배낭에 일제히 긴 우산을 꽂고 있었다. 나는 공연히 웃음이 나와 한참을 깔깔거렸다. 피터는 다시 정리하며 말했다.
"가방에 우산이 꽂혀 있고, 게다가 노래를 부른다면 100% 이태리 사람들이야."

아리랑을 부른 사람은 엘레나였다. 젊었을 때 포크 가수를 잠깐 했다는 그녀와 드러머 출신 파비오는 근사하게 화음을 맞춰 여러 곡을 노래했다. 깐조네, 팝송, 샹송은 말할 것도 없고 일본과 중국 노래도 불렀다. 세상의 모든 음악, 월드 뮤직 FM방송 같은 분위기에 감탄하며, 아는 노래를 따라 불렀다. 그들이 알프스의 어느 봉우리에서 사고로 죽은 친구를 위해 엄숙한 송가를 부를 즈음 문득 가방에 꽂혀있는 장우산 손잡이가 눈에 들어왔다. 웃음이 터질 것 같았다. 참으려고 했지만 자꾸 피터가 했던 말이 떠올라 자제할 수가 없었다.
"왜 그렇게 웃어? 이건 세상에서 제일 슬픈 노래라고."
마우리지오의 원망 섞인 표정을 보고 미안해졌다. 경건한 감정을 잡아보려 했지만 소용이 없었다. 산티아고 순례길에서는 감정이 증폭되는 것일까. 사람들은 공연히 웃고 걸핏하면 울었다. 알록달록한 우산을 꽂고 세상 심각하게 서러운 노래를 부르는 100% 이태리 사람들.
"네 말이 맞아. 피터."
피터가 보고 싶어졌다.

"넌 별로 한국 사람 같지 않아."
영국 맨체스터에서 온 제인이 말했다. 그녀에 따르면 한국 사람들은 여러 명이 함께 다니고, 행동이 매우 빠르다. 제일 먼저 일어나 해가 뜨기 전에 숙소를 나서며, 행진하듯 걸어 앞 사람을 추월한다. 게다가 다른 나라 사람과 어울리지 않는 편이다.
'친절하고 예의 바르며 유쾌한 사람들이야.' 따위의 칭찬을 기대한 건 아니지만 은근히 야속했다. 요즘 까미노에 한국인들이 많아 관찰하기 쉬운 대상일 테니, 그녀의 분석이 완전히 틀린 말은 아닐 것이다.

"한국은 경쟁이 심한 사회라 그런가 봐. 여유를 찾기보다 빨리 해야 한다는 강박이 있어. 다른 사람과 어울리지 않는 건 방어적이어서 그런 게 아니라 언어 때문일 거야. 영어나 스페인어를 잘 못하는 걸 창피하다고 생각하거든. 그러니 같은 언어를 쓰는 사람들이 편해서 단체로 다니게 되는 걸 거야."
제인은 그냥 재미로 한 말일 텐데 정작 나는 심각하게 받아들여 줄줄이 변명을 했다. 슬그머니 무안해졌는데 제인은 아랑곳하지 않고 눈을 반짝이며 무릎을 쳤다
"아~ 하나 더 있다. 내가 정말 좋아하는 한국인들의 특징인데 빼먹고 말을 안 했네. 진짜 순례자가 되는 필수 조건인데. 뭐게?"
그녀는 진짜 순례자가 되는 조건이 한국인의 DNA에 있는 것 같다고 했지만, 내 머리에는 딱히 떠오르는 게 없었다.
"글쎄…… 모르겠어."
"순례자의 피, 와인을 저어엉말 잘 마셔!"
"하~하~하!"
그녀와 웃으며 대화를 나누다 고개를 들어보니 와인을 만들어내는 붉은 땅, 리오하 주의 마지막 마을 그라뇬Grañon이었다.

"프랑스에서 왔을 거라고 생각했어. 첫눈에 알아봤지."
시애틀에서 온 프란신이 마엘을 두고 한 말이다. 그라뇬의 산후안San Juan 필그림 호스텔에서 만난 마엘은 과연 아비뇽에서 왔다고 했다.
"어떻게 알았어? 프랑스 엑센트 때문에?"
"아니. 아까 보니 허브오일 같은 걸 꺼내 코밑에 바르더라고."
프란신의 주장에 따르면 프랑스 사람들은 천연 약재 오일, 향기 치료 같은 것을

깊이 신뢰한다. 나는 그냥 흘려 들었다. 다음날 마엘과 함께 비암비스타Villambista, 그라뇬에서 27.9km까지 걸었다. 걷다가 내가 무릎이 아파 괴로워하자, 그녀는 매직 오일이라면서 내 무릎에 손수 마사지를 해주었다. 그 후로도 나는 프랑스 사람들을 만날 때마다 그들에게 약재 오일이나 향기로 가벼운 치료를 받았다. 레온Leon, 스페인 북서부에 있는 도시. 레온 주의 주도이다.에서 만난 파리지앵 장 클로드는 향기 치료로 나를 두통으로부터 구원해 주었다. 그로부터 열흘 뒤 폰프리아Fonfria, 스페인 북서부의 마을에서 만난 또 다른 프랑스 여인 쟌느는 목 감기로 괴로워할 때 물에 회색 가루를 타고 허브오일 몇 방울을 떨어뜨려 마시게 해주었다.

까미노에는 전 세계 사람들이 모이다 보니 나라별 특징에 대한 대화가 많은 편이다. 이를테면 루트에 대해 자세한 정보를 원한다면 독일 사람을 찾아 물어보라고 한다. 독일 순례자들은 정보 중심이라 열이면 열 모두가 정확하고 세밀한 최신 정보가 수록된 가이드북을 가지고 다닌다. 가이드북은커녕 지도 한 장 없이 그냥 화살표 따라 가라는 입장을 고수해온 나와는 극단적인 차이를 보이는 그룹이다. 실제로 내가 까미노 후반에 체력 난조로 가까운 마을을 찾아 쉬고자 했을 때, 막대한 도움을 준 친구가 함부르크에서 온 헨드릭이었다. 독일 친구들은 스마트폰이 아니라 종이 가이드북을 들고 다녔고 늘 꼼꼼히 지도를 살폈으며 성실하게 모든 정보를 섭렵했다.

그라뇬의 산후안 필그림 호스텔은 산후안 교회에서 운영하는 순례자 호스텔이다. 산 후안 교회의 수사들이 손수 저녁을 준비해 순례자를 맞이하는 전통이 700년 넘도록 이어지고 있다. 숙박, 저녁 식사 모두 무료이다. 그저 각자 형편대로 기부금을 내면 된다. 사제관이었던 홀에 매트리스를 깔아 순례자들에게 잠자리로 제공하고 있다.

2층 메인 홀 벽난로 옆에서 벨기에 청년들이 기타 연주를 하고 있었다. 잠시 뒤에는 온갖 다른 세상에서 온갖 다른 언어를 쓰는 사람들이 모여 노래를 부르기 시작했다. 'Love me tender', 'Yesterday', 'Heal the world', 'Imagine' 등 주로 영미권 노래들이었다. 누군가 허밍을 시작했고, 내가 옆 사람 음정 키에 맞춰 음을 조절하는 사이, 해가 지기 시작했다. 프란신이 창을 열어 노을을 안으로 불러들였다. 그날 '완전한 아름다움'이라고 이름 붙인 핑크색 하늘 아래 모여 우리는 허밍으로 노래하며 천천히 와인을 마셨다.

이 호스텔에서는 남자들이 설거지를 해야 한다는 아름다운 전통이 있다. 유서 깊은 전통은 기필코 수호해야 하기에 여자들은 최선을 다해 빈둥거리다가 순례자 미사에 참가하기로 했다. 성당으로 바로 연결되는 비밀 통로를 통해 우리는 15세기에 지은 오래된 돌 성당으로 갔다. 그리고 촛불을 들고 묵언 기도를 하는 미사에 참여했다. 기도가 끝나고 서로가 포옹을 나누는 동안 나는 사람들의 눈가가 촉촉하다는 것을 알았다. 해가 솟듯 무언가 가슴에서 솟아 올랐다. 훼손되지 않고 잘 간직된, 우리 안에 있는 어떤 존재를 어렴풋이 본 듯한 순간이었다. 순례길 10일째가 저물고 있었다.

열 여덟살 마엘이 나를 깨우쳤다

#14 그라뇬에서 비암비스타까지, 24km

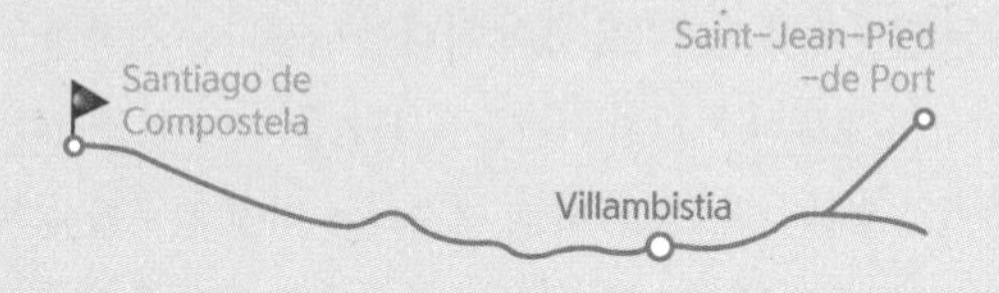

애초에 산티아고가 목숨을 내걸고 걸었던 순례자의 길임을 진지하게 생각해보지 않은 나로서는 전혀 예상하지 못한 일이었다. 그녀를 안쓰러워 하고 나의 인색함을 자책하며 심지어 프란신을 야박하다고 비난했는데 모두 착각이었다.

——— 까미노를 걷는 동안에는 세 가지 단계를 지난다고 한다. 첫 번째는 육체적인Physical 고통과 싸우고 극복하는 단계이다. 지금 나는 육체적 도전의 단계에 있음이 확실하다. 구석구석, 있는지도 몰랐던 뼈마디가 아프고 쑤셨다. 일평생 편하게 지낸 몸이 때아닌 중노동에 놀라 저항하며 밤낮으로 울부짖고 있었다. '미련하게 계속 걷다가 무릎 관절을 망가뜨리느니 여기서 그만 두는 게 낫겠어. 내일 아침에 버스를 타고 나가야겠다.' 얼마나 합리적인 결론인가. 밤에 누울 때면 매일 이런 생각을 했다. 그러나 아침이 되면 다시 살만해졌다. 순례자들이 '부엔 까미노'를 외치며 하나 둘 출발하는 것을 보며 다시 하루를 시작했다.
두 번째 단계는 정신적Mental 단계인데 극심한 감정적 도전을 받아 한계에 다다르는 상태라고 한다. 부르고스Burgos, 스페인 북서부 카스티야레온 지방 부르고스 주의 주도에서 레온Leon, 스페인 북서부 카스티야레온 지방 레온 주의 주도까지, 조금 길게는 오세브레이로O'Cebreiro, 갈리시아 지방 해발 1300m의 고지까지가 많은 사람들이 멘탈 붕괴를 경험하고 이겨내야 하는 구간이라고 했다. 오세브레이로는 파블로 코엘료Paulo Coelho, 브라질의 작가, 1947~의 『순례자』에서 깨달음을 얻은 곳이자 검을 찾는 장소로 그려져서 이런 기준이 생겼는지 모른다.
마지막으로 영적인, 정신적인 새로운 체험을 하는 단계Spiritual Stage라고 한다. 감정적으로 힘든 멘탈 단계나 정신적인 도전을 받는 스프릿튜얼 단계가 지금보다 더 수월할지 알 수 없지만, 당장 내게 희망적으로 들려온 소리는 육체적인 단계가 부르고스에서 끝난다는 것이었다. 보글보글 힘이 생겨났다.
"믿기 힘들겠지만 부르고스를 지나면서 모든 고통이 사라진대요. 부르고스에서 육체적 도전은 끝나거든요."
아~, 제발 그러하길. 수사님 말씀이니 무조건 믿어보기로 했다.

벅찬 경험을 하고 난 다음엔 늘 기분이 좀 가라앉았다. 클럽에서 밤새 즐기고 난 후는 말할 것도 없고, 몰입해서 밤새워 일을 하거나 공부를 하고 난 후에도 그랬다. 강렬한 에너지와 밀도 높은 시간이란 것도 따지고 보면 정상에서 벗어난 것이다. 생물체의 본능이 안정적인 평균 상태로 돌아가고자 하는 건지, 그라뇬에서 휘몰아치는 감정을 경험하고 난 후 그날 아침엔 발걸음이 무거웠다. 흥분과 감동을 중화할 시간이 필요하다는 생각이 들었다. 끝없이 펼쳐진 밀밭 길을 향하는 등 뒤로 해가 떠오르고 있었다. 바람은 들판에 홀로 서 있는 나의 등을 거세게 밀며 지나갔다. 풀도 납작하게 몸을 눕혀 부는 바람에 몸을 맡겼다. 동쪽 하늘 끝에서 솟아오른 해는 바람을 타고 와서 나의 등을 비추며 그림자를 길다랗게 늘였다. 그때 나와 함께 서 있는 나를 만났다. 그날 아침이었던 것 같다. 내가 내 손을 잡고 함께 걷기 시작한 때는.

많은 순례자들이 머무는 벨로라도Belorado, 그라뇬에서 16.5km를 그냥 지나치기로 했다. 벽에 그려진 그래피티 아트와 팬시한 가게들이 어수선하게 느껴졌다. 더 이상 걷기 힘들어 멈춘 곳은 비암비스타Villambistia였다. 에스피노자 델 까미노Espinosa del Camino 바로 전에 있는 마을이다. 난 언제나처럼 마을 초입의 첫 번째 알베르게에 짐을 풀었다. 깨끗하게 새로 지은 사설 숙소가 맘에 들었는데 마엘은 기부로 운영하는 숙소나 공립 알베르게를 찾아보겠다고 떠났다. 한참 후, 짐 정리와 샤워까지 모두 마치고 저녁을 먹으려는데 마엘이 낙담한 표정으로 돌아왔다.
"공립 알베르게는 안 열었어요. 성수기가 아니라 순례자가 별로 없어 그런가 봐요."
마엘은 숙박비를 아끼고 식사비도 빠듯하게 쓰는 눈치였다. 숙박비 12유로에 저녁 식사로 10유로를 쓰기는 부담스러웠는지 순례자 저녁 식사를 주문하지 않겠다고 한다.
"우리만 저녁을 먹기는 마음이 너무 불편해. 우리가 나눠 내면 어떨까?"

어른 열 한 명이 아이 하나를 굶기는 것만 같아서 내가 제안했다.
"아니. 그건 좋은 생각이 아니야."
프란신이 엄격한 얼굴로 내 눈을 쳐다보며 고개를 저었다.
"우리가 1유로씩만 더 내면 되잖아."
"난 반대야. 마엘은 젊어. 우리가 그랬던 것처럼 그 애도 살아가는 방법을 배울 거야. 필요하면 도움을 요청해야 한다는 것도."
저녁 식사는 푸짐했다. 파스타, 감자튀김, 한국 닭도리탕과 비슷한 요리에 와인, 아이스크림까지 유난스레 풍성했고 맛도 훌륭했다. 10유로. 네덜란드 부부, 프랑스 시인, 미국 커플, 스페인 아저씨들, 영국, 이태리, 폴란드 그리고 한국에서 온 나까지 어른 11명이 1유로씩만 더 내면 이제 겨우 18살인 마엘의 저녁 값은 문제도 아니다. 게다가 11명이 다 먹기에도 많은 양이었는데 식사비를 내지 않았으니 마엘을 불러 함께 먹자는 것도 안 된다니 너무 야박하지 않은가?

우리는 먼저 호의를 베푸는 것이 선하다고 배웠다. 도움이 필요할 때, 도움을 요청하는 법은 제대로 배우지 못하기 때문일지도 모른다. 필요를 입 밖으로 내어 말하기를 주저하는 문화, 그 대신 어려움을 미리 알아채고 호의를 베푸는 문화에서 나고 자라고 교육 받았다. 이날 저녁 시간은 나에게 내내 불편한 가시방석이었다. 대체 그리 엄격한 잣대를 들이 밀어야 할 필요가 뭐란 말인가. 한국 아줌마에게 이런 상황은 인정머리 없고 매몰차 불편하기만 했다.
어린 여자 아이를 굶겼다고 자책하며 불편한 밤을 뒤척였다. 불면의 원인은 '착한 어른 컴플렉스'였다.
'프란신, 자기가 뭐라고 절대 안 된다는 거야? 난 또 뭐야? 그냥 한끼 내가 사겠다고 말하고 초대하면 될 일을 왜 프란신에게 휘둘린 거야? 허락 받아야 할 일

도 아닌데.'
밤새 날 괴롭힌 건 선의였다. 하지만 그 또한 불필요했음을, 얄팍한 동정심으로 외려 마엘의 마음을 상하게 할 뻔 했음을 알기까지는 채 몇 시간이 걸리지 않았다.

밤새 뒤척이다가 늦잠을 잤다. 아침에 깨어보니 사람들은 이미 출발 준비를 마친 후였고, 마엘의 침대는 비어 있었다. 오늘 날씨도 종잡을 수 없을 것 같다. 눈이 오고, 비가 오고, 바람이 불다가, 순식간 햇살이 따스하게 비추다가도 갑자기 우박이 쏟아지는, 모든 것이 다 들어있는 날씨의 예고편 같은 오전이 지나갔다.
이른 점심을 먹으려고 검은 숲 바로 전에 있는 카페에 들어갔는데 거기서 마엘을 만났다. 그녀는 차를 마시며 책을 보고 있었다. 인사도 못하고 헤어져 아쉬웠는데, 다시 만나니 얼마나 반갑고 다행이던지.
"마엘, 점심 먹자. 난 보카디오 시킬 거야. 넌 뭘 먹을래? 내가 살게."
"괜찮아요. 전 홍차 마시면 돼요."
마엘은 어제 저녁도 안 먹었다. 아침으로 가지고 다니던 비스킷 하나만 먹고 나갔다고 들었는데, 점심도 안 먹는다니 걱정이었다. 지금 먹기 싫으면 나중에 먹으라고도 했지만 괜찮다고 한다. 어제 저녁부터 지금까지 제대로 먹지 못했는데 얼마나 배가 고플까 걱정스러웠다. 어제 저녁 미안했던 마음이 아직도 남아있어서 점심을 사겠다고 애원하다시피 했는데 마엘은 사양했다.
어떻게든 좀 먹여볼 요량으로 넉넉히 주문한 샌드위치에 손도 안대고 마엘은 책만 읽었다. 방도를 생각하다가 카페를 나오기 전 그녀의 점심 값을 미리 내주었다.
"마엘, 나 먼저 갈게. 메뉴델디아 미리 계산했으니까 먹을 만큼 먹고 포장해 달라고 해."
마지 못해라도 먹겠다고, 고마워 할 거라고 생각했는데 그녀는 싸늘한 표정으로 정색을 했다.
"왜 제 식사 값을 내셨어요?"
"왜라니? 그냥 점심 한번 못 사주니? 너 어제 저녁부터 제대로 안 먹었잖아."
"고맙지만 싫어요. 순례자처럼 지내는 게 제 목표예요. 산티아고까지 가능한 그러고 싶어요."
한 대 얻어 맞았다. 얼굴이 화끈해졌다. 우리는, 아니 나는 얼마나 자주 내 맘대로 해석하는가? 그녀가 도네이션으로 운영되는 숙소를 찾아 헤매는 것도, 설사 난민촌 같더라도 공립 알베르게에만 묵는 것도, 순례자를 위해 푸짐하게 나오는 저녁 식사를 하지 않는 것도, 모두 부족한 예산 때문일 거라고 생각했다. 애초에 산티아고가 목숨을 내걸고 걸었던 순례자의 길임을 진지하게 생각하지 않은 나로서는, 전혀 상상하지 못한 일이었다. 그녀를 안쓰러워 하고 나의 인색한 행동에 미안해 하고, 심지어 프란신을 야박하다고 비난했는데, 모두 착각이었다. 중세 순례자가 감당했을 배고픔을 느끼고, 최대한 소박하고 저렴한 숙소를 찾는 노력을 하는 것은 그녀의 자부심이다. 배부르게 먹지 않고 허기진 상태를 자각하는 순례의 태도는 그녀가 까미노를 시작할 때 결정한 것이라고 했다. 그녀는 까미노에서 희생을 감수하기로 선택한 것이다.
자기 만족감을 위해 선의라는 가면을 쓰는 일이 얼마나 많은가. 설사 선의라 해도 상대가 요구하지 않은, 필요로 하지 않는 호의는 폭력일 수도 있다는 사실을 살아오며 자주 목격했었다. 때로는 상대방에게 고통이라 해도 스스로 감내하는 사람에 대한 존중이 필요하다는 것을 잊고 있었다. 배부르게 잘 먹고 따스한 잠자리에서 평온한 밤을 보내는 것이 제일 중요한 것이었다면 우린 애초에 이 힘든 순례를 시작도 하지 말아야 했다. 차가운 각성이었다.

CREDENCIAL DEL PEREGRINO

제기랄!
순례자는 모든 것에 감사하라고?

#15 비암비스타에서 아헤스까지, 22km

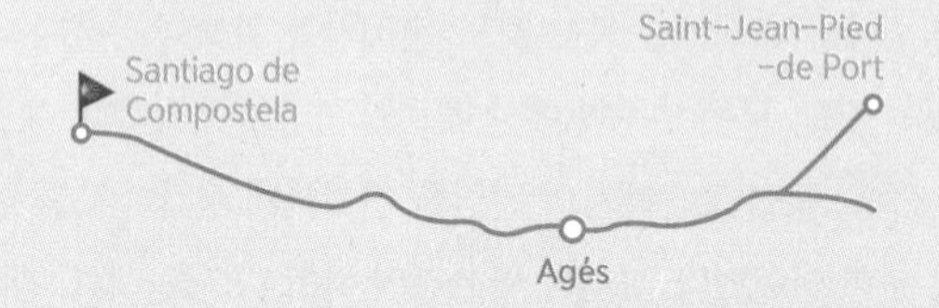

오늘까지 걸으면서 어렴풋하게 배운 게 있다면 불평하지 않는 것이다. 불평해 봐야 아무 소용이 없다는 것을 알게 된 거다. 누구도 날씨를 미리 알 수 없고, 자연은 당해낼 수 없다는 것을. 아무리 빠른 사람도, 아무리 늦은 사람도, 한 번에 딱 한걸음 이상 걸을 수는 없다. 한 번에 한 걸음씩 가다 보면 결국 닿을 것이지만 닿지 못하면 또 어떠랴.

——— 'Tourist demands, Pilgrims thanks.'

'관광객은 많은 것을 요구하지만, 순례자는 모든 것에 감사한다.'

까미노 어느 숙소엔가 붙어 있던 글귀였다. 한 마디로 순례자라면 주어지는 모든 것에 감사하라는 얘기다. '주인장께서 어지간히 시달리나 보군.' 했으면서도 마음에 남았다.

검은 숲이라 불리는 가파른 오카산Mt. Oca을 오르고 있었다. 눈과 비, 바람이 세차게 얼굴을 때렸다. 우박이 쏟아지다가 순식간에 햇살이 따스하게 비치는 말도 안 되는 날씨였다. 비옷을 입었다 벗었다 할 새도 없이 순식 간에 바뀌는 날씨에 험한 말이 저절로 튀어 나왔다. 그래도 '순례자는 감사하는 사람이다.'라는 글귀를 떠올려 보려고 애썼다.

예전엔, 나무가 빽빽하게 숲을 채워 하늘을 볼 수 않을 만큼 어두웠다고 한다. 그래서 검은 숲이라는 이름을 얻었다고 했다. 사나운 들짐승의 먹이가 되기도 십상이었던 중세시대 순례자에겐 공포의 숲이었다. 지금은 걷기 좋게 널찍한 길이 닦여 있고, 순례자를 위한 휴식 공간도 조성되어 있다. 잠시 우박이 멈춘 틈을 타 통나무에 엉거주춤 엉덩이를 걸쳤다. 감사하며 샌드위치와 커피를 먹으려는데 다시 비가 퍼부었다. 제기랄 감사는 무슨 감사!

요란한 날씨를 이겨내고 알베르게에 도착했다. 하지만 마음이 심란해진다. 최악의 알베르게란 냄새 나고, 어둡고, 모든 침대마다 사람이 꽉 차서 공기는 텁텁한 바로 이런 곳이 아닐까. 그뿐이 아니었다. 온도 조절이 안 되는지 물이 너무 뜨거워 등을 데일까 걱정하며 샤워를 했다. 식사마저 지금까지 먹었던 것 중에 가장 양이 적고 맛도 없었다. 무엇 하나 맘에 드는 게 없었다. '그래. 그래도 물이 차가운 것보단 낫지.' '그래. 그래도 저녁을 굶은 건 아니니까.' 비 오는 밤, 몸을 뉠 곳이 있는 것만으로 감사해하는 순례자 원칙을 따르기로 했다. 제기랄! 나는 산티아고 순례자이니까!

"넌 어디에서 왔니?"
"한국. 서울에서."
"아니 순례를 어디서 시작한 거냐고."
"아~. 생장에서 출발했어. 난 네가 리얼 월드를 말하는 줄 알았지."
미국 포틀랜드에서 온 제이크가 웃다가 뜻을 알 수 없는 묘한 표정을 지었다.
"왜? 왜 그래? 뭔데?"
"리얼 월드. 네가 말한 리얼 월드라는 표현 때문에. 너도 알게 될 거야. 여기가 진짜 세상이란 것을."
평소 같으면 거부감부터 생겼을 텐데 희한하게 그날은 마음이 순하게 움직였다.
"글쎄……. 난 처음이라 그저 힘들기만 해. 잘 마치고 돌아가길 바랄 뿐이야."
제이크는 순례 마치고 돌아가보니 세상이 참 시시하더라고 했다. 까미노를 걷고 나면 이 삶을 어떻게 대해야 하는지 알게 될까? 정말 그랬으면 좋겠다. 내게 던져진 삶 앞에서 안절부절 하다가 본능적으로 찾아온 길이 아닌가. 옛날 사람들은 내 나이가 되면 하늘의 뜻을 알아야 한다는 무시무시한 소리를 했다. 하늘의 뜻은 개뿔! 나는 '다시 처음부터'라며 '리셋'Reset을 외쳐댔다. 기왕지사 제2의 인생이니 어쩌니 동네방네 소문을 다 냈으니, 돌아갈 때는 뭐라도 달라졌으면 좋겠다. 제이크처럼 리얼 월드를 발견하는 경지까지는 가지 못하더라도 좀 명확하고 단순하게 살 수 있으면 좋겠다.

"우린 모두 자기 속도로 걸어야 해. 다시 보자."
피터는 까미노의 법칙을 말했다. 만나야 할 사람은 꼭 만난다고. 다시 만날 거라

고 했던 피터를 오늘도 만나지 못했다. 헤어질 때 그의 다리는 많이 불편해 보였다. 그날 자기 속도가 좀 느린 날이라며 먼저 가라고 했다. 피터를 못 본 지 며칠이 되었다. 걷다 보면 누군가는 좀 늦고 누군가는 조금 빠르다. 그렇더라도 아무 상관이 없다. 어디까지 가야 한다고 정해져 있는 것도 아니고, 얼마나 빨리 걸어야 하는 지도 정해져 있지 않으니, 내가 늦고 그가 빠르더라도, 혹은 그 반대라도 괜찮다는 것쯤은 이제 알게 되었다. 마음이 편해야 하는데, 피터를 생각하며 마음은 자꾸 안절부절이었다.

신영복 선생이 그러셨다. '사랑은 우산을 씌워주는 것이 아니라 함께 비를 맞는 것'이라고. 며칠 함께 걸었을 뿐이지만 그렇게 만난 이가 소중하게 느껴지는 건, 지금처한 상황이 같기 때문일 것이다. 물이 없을 때 부족한 물을 나누어 주고, 걸음걸이만으로 얼마나 아플지 짐작하며 고통을 공유하게 되는 체험은 일종의 마법이었다. 무릎이 아파 쩔쩔매던 피터를 생각하면 애가 탔다. 까미노의 매직으로 육체적 고통이 사라진다는 부르고스Burgos, 옛 카스티야 왕국의 수도까지, 피터가 어떻게든 올 수 있기를!

육체적 고통과 정신적 혼란Physical crush vs mental crisis 가운데 어떤 것이 더 나을지 모르지만, 뭐라도 상관없을 것도 같다. 오늘까지 어렴풋하게 배운 게 있다면 불평하지 않는 것이다. 불평해 봐야 아무 소용이 없다는 것을 알게 된 거다. 누구도 날씨를 미리 알 수 없고, 자연을 당해낼 수 없다는 것을 이미 첫날부터 하드코어로 겪었고, 2주가 다 되어가는데 매일매일이 그랬다. 한 걸음씩 걷다 보면 닿겠지. 아무리 빠른 사람도, 아무리 늦은 사람도, 한 번에 딱 한걸음 이상 걸을 수는 없다. 한 번에 한 걸음씩 가다 보면 결국 닿을 것이지만 닿지 못하면 또 어떠랴. 내일도 비가 오든, 천둥 번개가 치든 난 간다. 부르고스에 닿겠다는 희망을 품고. 부르고스가 코 앞이다.

드디어! 부르고스!

#16 아헤스에서 부르고스까지, 22.5km

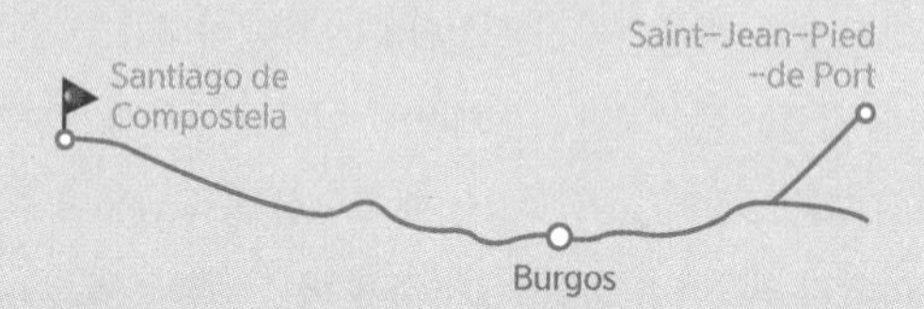

부르고스 입구에 도착했을 때 얀 부부를 다시 만났다. 도시 입구에서 부르고스 안쪽에 있는 숙소까지 가려면 도심을 통과하는 아스팔트 길 4km를 더 걸어야 했다. 알라이다는 버스를 타자고 했고, 얀은 걷자고 했다. "오케이. 그럼 버스 올 때까지 쉬고 각자 출발하자." 버스가 올 때까지 함께 앉아 맥주를 마신 후 한 사람은 걷고 다른 한 사람은 버스를 탔다. 20년 동안 단 한차례도 싸운 적이 없다더니 비결은 이렇게 간단한 거였다.

———— '혹시나 했는데 역시나!'
옛말은 틀린 말이 없다. 처음부터 맘에 들지 않았다. 순례자는 무조건 감사하라기에 억지로 참아보려 했다. 아침에 일어나보니 이럴 수가! 주방 불은 꺼져있고, 문도 잠겨 있었다. 아침 식사 주문을 미리 받는다며 돈을 받아놓고 어떻게 이럴 수가 있지? 내 돈 3유로를 떼먹다니! 큰 돈은 아니지만 순례자 시설에서 이래도 되는 거야? 참을 수 없었다. 아헤스에 있는 알베르게가 순례자를 기만했다는 사실을, 만나는 사람마다 알리리라. 순례 14일차의 아침, 따뜻한 커피를 마시지 못한 분노와 짜증이 활활 타올랐다.

"저녁에 도시락으로 만들어 줬을 거야!"
아침에 요리를 해주는 게 아니라 저녁에 간단한 먹거리를 비닐 봉지에 담아줬을 거라는 얘기다. 3유로 강탈 만행을 널리 알리겠다는 사명감을 그날 처음 본 순례자가 꺾어 버렸다. 대체 그렇게 몹쓸 곳이 어디냐고 묻기는커녕 뭐 그런 일로 아침부터 흥분이냐고 나무라는 표정이다. 가만히 생각해보니 그럴 듯도 싶다. 아침 식사를 주문한 사람이 몇 명이나 된다고 새벽부터 식당을 열겠는가. 내가 어제 일찍 잠들어 챙기지 못했다면 내 책임도 반은 된다. 생 라파엘 알베르게 주인의 단순한 착오일 수도 있고 내 실수일 수도 있겠지만, 어느 쪽이든 뭐 그리 중요한 일이라고? 그제서야 정신이 번쩍 들었다. 아침 한끼, 겨우 3유로 때문에 부르고스에 들어가는 날을 이런 식으로 시작하다니. 마음을 털고 나니 그제서야 아헤스의 풍경이 눈에 들어왔다. 아헤스는 꽤나 멋진 마을이었다.

"100만년 전에 최초의 인류가 살았던 곳이야."
아타푸에르카Atapuerca, 아헤스에서 2.5km 마을에서 가까운 벌판에 이르자 문짝만한 거석과 작은 돌멩이들이 눈에 들어왔다. 유네스코가 세계문화유산으로 지정한 유적의 일부이다. 네덜란드에서 온 얀은 역사 선생님이라 이 지역 초기 인류에 대해 아는 것이 많았다. 이름만으로도 인류의 조상임을 알 수 있는 호모 안티세소르Antecessor, 조상이라는 뜻는 멸종한 네안데르탈인과 현생 인류 호모 사피엔스의 공동 조상이라고 했다. 동굴에서 살았으며, 같은 종족 즉 사람을 먹는 식인종이었다고 했다.

"식인종이었다고? 어딘지 얀, 당신이랑 비슷하게 생겼어."

"나보다는 당신하고 닮은 것 같은데. 특히 머리 스타일이 말야."

"그러네! 자세히 보니 당신하고는 다르다. 잘생겼어. 게다가 젊고."

법적 부부는 아니지만 함께 산지 20년이 넘었다는 얀과 알라이다 사이에는 농담이 끊이지 않았다. 서로를 놀리는 것을 재미있어 했고 마주보고 항상 웃었다. 잘생긴 곱슬머리의 인류 조상, 알라이다 표현대로 젊고 잘생긴 식인종 조상님의 상상화 앞에서 우리는 사진을 찍었다. 실제 유적까지 가보고 싶었는데 만류하는 얀의 말을 듣기로 했다.

"비를 맞으며 3km를 가봐야 동굴을 멀리서 볼 뿐 이라니까. 가까이서 볼 수도 없다고."

인공 폭포의 전기 스위치를 끄면 이럴까? 일순간 뚝 하고 비가 그쳤다. 구름을 비집고 햇살이 비추더니 아타푸에르카에 선명한 무지개가 떠올랐다. 몇 년 전 뉴질랜드 남섬의 아오라키Aoraki 산에서 트래킹을 하던 날 만났던 무지개가 생각났다. 광선 빔처럼 선명한 일곱 빛깔 무지개는 그날 이후 처음이었다. 아타푸에르카를 벗어나 언덕을 오르는데 바닥에 반짝이는 검은 돌이 가득했다. 나는 몇 개를 집어 주머니에 넣었다.

'햇볕은 쨍쨍 검은 돌은 반짝~ 모래알로 떡 해 놓고 검은 돌로 소반 지어 언니 누나 모셔다가 맛있게도 냠냠' 어릴 때 부르던 동요가 절로 나왔다. 이렇게 예쁜 오석이라면 몇 개 챙겨 친구들 기억하며 철의 십자가Cruz de Hierro, 순례길의 안녕을 빌거나, 자신의 죄를 버리는 곳에 놓아주어야지. 다시 노래를 흥얼거리며 언덕을 올라가는데 전방에서 비명 소리가 들렸다.

앞서 걷던 여자였는데 검은 돌이 많은 곳에서 넘어졌다가 엉거주춤한 자세로 일어났다. 등산화, 바지, 판초우의, 그리고 장갑에 골고루 붙어있는 검은 돌을 털어내며 말했다.

"으악. 똥. 이런 똥 같은 경우가. 진짜 'shit'이네. 쉿!"

이럴 수가. 검은 돌은 돌이 아니었다. 주머니에 소중하게 챙겨 넣었던 똥덩이들을 얼른 꺼내서 던져버렸다. 소반까지 지어 먹을 뻔했던 검은 돌은 돌이 아니라 양의 똥이었다. 대체 왜 그렇게 반짝인 걸까? 종일 장갑과 바지에서 똥 냄새가 나는 것 같았다.

부르고스 입구에 도착했을 때 얀 부부를 다시 만났다. 도시 입구에서 부르고스 안쪽에 있는 숙소까지 가려면 도심을 통과하는 아스팔트길 4km 정도를 더 걸어야 한다. 알라이다는 버스를 타자고 했고, 얀은 걷자고 했다.

"얀! 포장도로는 걷기 피곤해. 버스 타고 싶어."

"알라이다, 난 걸어 갈래. 힘든 길도 까미노잖아. 좋은 길만 걸을 수는 없어."

"난 대도시는 걷지 않을 거야. 여기서 버스 탈래."

"오케이. 그럼 버스 올 때까지 쉬고 각자 출발하자."

20년 동안 단 한차례도 싸운 적이 없다더니 비결은 이렇게 간단한 거였다. 원하는 바가 다른 커플은 각자 원하는 대로 하기로 한다. 따로 가기로 결정하는데 1분도 걸리지 않았으며 기분이 나쁜 사람도 서운한 사람도 없었다. 버스가 올 때까지 함께 앉아 맥주를 마신 후 한 사람은 걷고 다른 한 사람은 버스를 탔다.

갈등은 대부분 '내가 이렇게 좋은 방법을 알고 있는데 왜 내 말을 못 알아 듣느냐'에서 시작한다. '왜 그렇게 고집을 부리냐', '어쩜 그렇게 당신 생각만 하냐' 그런 다툼이 얀과 알라이다에게는 없었다. 왜 꼭 걸어야만 하는지 설득시키려 하지도 않았고, 어떻게 순례를 한다면서 버스를 탈 수 있냐고 비난하지도 않았다. 서로가 옳다고 믿는 방식, 원하는 방식대로 각자 하면 되는 거다. 비결은 언제나 간단하다.

일찍 도착한 알라이다가 알베르게에 좋은 자리를 잡아 두었다고 했지만 나는 정중하게 사양했다. 모처럼 내 몸에게 좋은 대우를 해주고 싶었다. 성당 바로 옆 호텔을 예약하는데 성공했다. 욕조 목욕을 하는 상상만으로도 천국에 온 것 같다. 드디어! 부르고스! 천국이다.

마음으로 걷기

산티아고
제2막

디어 마이 프렌드

#17 From 부르고스

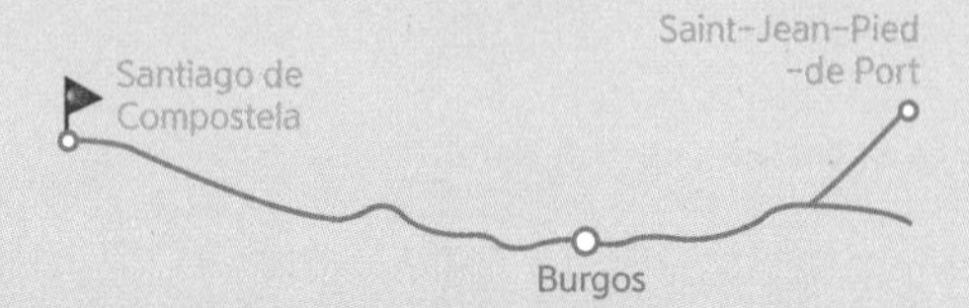

소중한 사람들에게 손편지와 엽서를 썼다. 요양원에 계신 엄마와 가족들에게, 아낌없이 응원해주는 친구들에게. 함께 산티아고를 걷자던 약속을 지키지 못하고 하늘나라로 가버린 내 친구 미영이에게. 마지막으로는 그 누구보다도 만나고 싶은, 보고 싶은 나에게.

——— 오늘 여기 햇살이 바삭바삭해. 걷기 시작하고 2주간 어쩜 그렇게 비만 내리던지. 오늘은 날씨가 좋다. 부르고스는 산티아고 가는 길의 첫 단계가 끝나고 두 번째 단계로 넘어가는 곳이라고들 해. 육체적 고통의 단계가 여기서 끝난다는군. 그런데도 부르고스에 오자마자 내가 제일 먼저 찾은 건 약국이었어. 스페인에서는 아직 처방전 없어도 약을 살 수 있어. 무릎과 허리에 바르는 볼타렌Voltarene을 세 튜브나 사고, 먹는 약도 잔뜩 샀어. 하루도 진통제 없이 잠든 적이 없었는데, 이제부터 모든 육체적인 고통이 사라진다는 말을 무턱대고 믿을 수는 없잖아.
부르고스에서 레온Leon까지는 180km정도 되는데, 흔히 마의 구간이라고 한대. 부르고스를 지나면 해발 800m가 넘는 고원 지역 메세타가 시작되는데, 사람들은 이곳을 명상의 구간이라고도 불러. 황폐하고 끝없는 지평선이 계속 이어지는 이 구간을 건너뛰고 싶다는 사람이 많더라. 그런데 난 오히려 기다려져. 대체 어떤 황폐함이 걷는 사람을 메디테이션명상의 경지로 이끄는 건지 너무 궁금해.

부르고스 대성당이라고 부르는 산타마리아 성당을 돌아봤어. 무려 500년에 걸쳐 지은 성당이라니 그 시간이 너무 막막하지 않니? 바르셀로나의 사그라다 파밀리아 성당도 그렇고 유럽의 성당은 짓는데 몇 백 년이 걸리는 경우가 적지 않잖아. 내가 사라지고 난 후에도 스러지지 않고 몇 백 년, 몇 천 년 지나 그 후로도 영원할 것을 고대한다는 것에 대해 자꾸 생각하게 되더라.
이 고딕 성당이 어찌나 아름답던지 잠깐만 보려 했는데 찬찬히 다 돌아보느라 한참 걸렸어. 성당에 소장된 그림 중에 <성 마리아 막달레나>와 날개가 달린 검은 피부의 천사 조각품이 좋았어. 이 성당에는 내가 어린 시절에 흠모했던 엘 시드El Cid, 1043~1099, 스페인의 전설적인 영웅의 무덤이 있어. 성당 천정 돔에서 무덤 위로 별 모양 햇빛이 떨어지지. 소피아 로렌과 찰톤 헤스톤이 나오는 영화 <엘 시드>를 본 후, 엘 시드는 내게 영웅이 되었어. 누구인지도 잘 몰랐으면서 말이야. 부르고스가 엘 시드의 고향이야. 그래서 엘 시드와 그의 아내 히메나의 무덤이 이 성당에 있어.

지금 엽서를 쓰는 곳은 부르고스의 초콜릿 카페야. 초콜릿을 뜨겁게 데워서 머그잔에 가득 담아 2유로. 추로스를 찍어먹기도 하고, 그냥 들이키기도 하면서 벌써 두 잔째 마시고 있어. 시청이 있는 중앙 광장에서 관람 열차도 탔어. 부르고스는 한때 스페인의 중심이었대. 부르고스는 요새 같은 도시야. 부르고스로 들어오기 위해 통과해야 하는 산타마리아 아치, 산 후안 다리 아치를 지나며 시내 곳곳을 많이 걸었어.

부르고스에 오니 갑자기 순례자가 많아졌어. 알베르게 경쟁이 치열하다더라. 알뜰하게 숙박비를 아껴야 하는 젊은이들에게 숙소를 양보하고 난 호텔에 묵었어. 무릎도 너무 아팠거든. 뜨거운 샤워와 욕조 목욕을 하고 나니 사람꼴이 된 것 같아. 알베르게 5배가 넘는 숙박비가 들었지만, 두 번째 스물 다섯 살을 맞은 어른에게 이 정도는 사치라고 할 수도 없잖아? 목욕하고 모처럼 다리를 푹 쉬게 하면서 일찍 잘까 했는데, 아름다운 도시에 반해서 벌써 이만보를 넘게 걸었네. 순례를 시작한 후로 대도시는 대개 불편해서 피하고 싶었는데, 부르고스는 마음에 들어.

산티아고로 가는 길에서 사람들을 많이 만나고 있어. 처음엔 일부러 어떻게든 혼자 걸으려 애썼는데, 이제는 되는대로 하는 편이야. 모두 자기 속도대로 걷다 보면 함께 걷다가 저절로 혼자가 되더라. 혼자 걷다가도 만나야 할 사람은 다시 만나기도 하면서 말이야. 산티아고 순례길은 만났다 헤어지고 다시 만나는, 그러나

혼자 걸어야만 하는 길이야. 거긴 지낼만 하니? 여기 오니 네 생각을 자주 하게 된다. 부디 안녕하길. 부엔 까미노Buen Camino.
-부르고스에서 재희

소중한 사람들에게 손편지와 엽서를 썼다. 요양원에 계신 엄마와 가족들에게, 아낌없이 응원해주는 친구들에게. 함께 산티아고를 걷자던 약속을 지키지 못하고 하늘나라로 가버린 내 친구 미영이에게. 마지막으로는 그 누구보다도 만나고 싶은, 보고 싶은 나에게.

여행지에서 내 앞으로 엽서를 보내기 시작한 것은 꽤 오래된 나만의 의식이다. 우표를 붙인 엽서 모퉁이가 조금 해진 상태로 내게 전해지면 여행지에서의 추억을 선물로 받는 기분이 들었다.

까미노에선 세속의 모든 것이 하찮아진다

#18 부르고스에서 아로요 산 볼까지, 27.5km

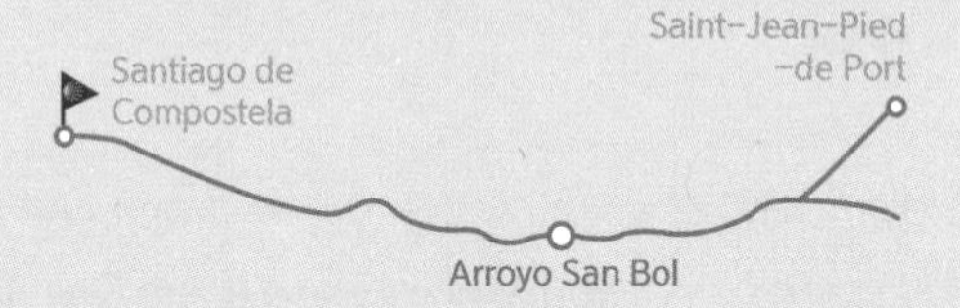

명불허전. 메세타의 바람은 매혹적이었다. 몰아치는 바람은 밀밭에 넘실넘실 물결을 만들고, 하늘로 올라가 구름을 강물처럼 흐르게 했다. 구름은 밀밭에 매 순간 다른 그림자를 드리웠다. 나는 순간순간 황홀경에 빠졌다. 달리고, 고함을 지르고, 발을 동동 굴렀다.

——————— "딱 하루만 고르라면 산 볼에서 지낸 밤이야."

케니는 산티아고 길의 수많은 마을 중에서 잊을 수 없는, 대체 불가능한 하룻밤을 보낸 곳으로 아로요 산 볼Arroyo San Bol을 꼽았다. 시카고에서 갤러리를 운영하고 있고, 10년 전에 카미노 순례를 한 적이 있는 그를 타파스 집에서 저녁을 먹다 우연히 만났다. 케니는 다시 산 볼에 갈 생각으로 출발하기도 전부터 들떴다고 했다.

산 볼은 처음 듣는 이름이다. 정보 없이 까미노를 걷는 나로서 산 볼을 모른다는 것이 신기한 일은 아니다. 미국 수녀님이 쓴 명상록 한 권과 사람들에게 전해 들은 얘기, 가까운 선배의 뜨거운 경험담 등이 내가 아는 까미노의 전부였다. 선배의 말은 단순했다. 노란 화살표만 따라 걸으면 된다고 했다. 걷다 보니 마음 따라 가다가 쉬고 싶은 곳에서 쉬면 된다는 그녀의 말은 맞는 말이기도 하고 어림없는 소리이기도 했다.

까미노에는 어지간해서는 길을 잃지 않을 만큼 화살표가 많다. 그럼에도 각도나 위치가 미묘하여 시험에 들기 좋게 표기된 곳이 적지 않다. 딴 생각을 하다가 조가비 표식을 놓쳐 마을 분수대 주변만 맴돈 적도 있다. 순례길을 걷기 시작하고 얼마 되지 않아 안내 책자 하나 없이 걷는 사람은 나밖에 없다는 것을 알았다. 생장에서 순례자 여권을 만들 때 고도가 표시된 간략한 지도를 받긴 했지만, 그나마 중간에 잃어버렸다. 야고보의 길을 걷기 위해 나선 순례자가 3.50달러짜리 스마트폰 애플리케이션을 사야 할지 말아야 할지 매번 갈등했다. 하여간 나는 케니가 알려준 산 볼에서 오늘 밤을 보내야겠다고 마음먹었다.

사실 까미노에서는 세속의 모든 것들이 하찮은 것이 되어 버린다. 순례자에게 중요한 일은 단 두 가지이다. '위장을 채우고 창자를 비울 수도 있는 카페가 언제 나타날 것인가.' 그리고 '잠자리가 있는 다음 마을까지는 얼마나 걸어야 하나.'

부르고스에서 산 볼로 향하던 날 나는 처음으로 순례자의 계급을 체감했다. 뭐랄까. 나보다 1계급 혹은 2계급 아래 사람들을 만나고 내 신분이 높아졌음을 깨달았다고나 할까. 세상에서 우열을 가르는 거의 모든 기준이 무의미해지는 산티아고 길에도 은밀하게 계급은 존재한다. 신분과 계급을 나누는 기준만 다를 뿐이다. 얼마나 존경받는 직업을 가졌는지, 수입이 얼마나 많고 적은지 따위는 아무 상관이 없다. 그저 똑같은 순례자일 뿐이다. 하지만 생장에서 출발한 순례자와 부르고스에서 출발하는 사람은 다르다. 걸어서 부르고스에 입성한 순례자와 탈 것을 이용해 온 순례자는 다르게 취급 받는다. 이것이 까미노의 룰이다.

"굿모닝~. 배낭 무겁지 않아?"
아일랜드에서 온 테레사가 말을 걸었다. 그녀는 섬유 유연제 향기가 채 가시지 않은 깨끗한 옷을 말끔하게 갖춰 입었다. 곱게 풀 메이크업도 했다. 눈썹을 그리고 마스카라를 바른 순례자라니. 보름 동안 한번도 보지 못했던 새로운 종족이다. 그녀는 별다른 말을 하지 않았다. 하지만 동그랗게 뜬 눈만 보더라도 나의 꾀죄죄함에 존경심을 느끼고 있음이 분명했다.
퇴직 간호사인 테레사는 부르고스에서 오늘 아침에 순례를 시작했다. 그녀의 등에는 배낭도 없었다. 동키 서비스순례자의 짐을 다음 목적지까지 차로 배달해주는 배낭 트랜스퍼 서비스를 이용한다. 그녀는 물통과 오렌지 두 개를 넣은 손바닥만한 주머니를 메고 걸었다. 굳이 까미노의 룰을 적용하자면 부르고스에서 출발한 테레사의 계급은 6두품이고, 생장에서 출발해 몸통보다 큰 배낭을 지고 걷는 나는 최소한 진골이라고 할 수 있다. 이렇게 산티아고까지 무사히 간다고 가정할 때 말이다. 직접 자기 짐을 메고 다니더라도 중간 중간에 탈 것을 이용한다면 진골로 인정해주지 않는다. 물론 까미노에는 성골 계급도 있다. 생장도 아닌 유럽 대륙 어딘가에 있는 자기 집에서부터 몇 달 넘게 걷고 있는 토마스나 마엘 같은 순례자가 그들이다. 이처럼 산티아고 순례길에는 몸소 겪은 고통과 꾀죄죄함의 총량으로 결정되는 계급이 있고, 그에 따라 받을 수 있는 존경의 등급도 다르다.

"재희야, 내 덕분인줄 알아. 난 날씨 운이 좋거든."
명불허전. 메세타의 바람은 매혹적이다. 몰아치는 바람은 밀밭에 넘실넘실 물결을 만들고, 하늘로 올라가 구름을 강물처럼 흐르게 했다. 구름은 밀밭에 매 순간 다른 그림자를 드리웠다. 나는 순간순간 황홀경에 빠졌다. 달리고, 고함을 지르고, 발을 동동 굴렀다. 하지만 메세타의 바람을 느끼려 할 때마다 번번이 6두품의 태클이 들어왔다.
"재희야 뭐해? 근데 너 혹시 립밤 있니?"
그녀 말에 의하면, 비 예보가 있었는데도 쨍 하게 맑은 것은 자기 덕이었다. 바람이 구름과 햇살을 두루 펴는 신기를 보이는 것도 테레사 덕이었다. 그녀는 말이 많은 것을 제외하면 괜찮은 아줌마였다. 그녀는 내가 멈춰 서서 고요히 있고 싶은 순간마다 사과나 오렌지, 치즈를 나눠 먹자며 불러댔다. 게다가 500m 마다 자신의 모습을 사진으로 남겨두고 싶어했다. 그때마다 나는 워킹 스틱을 내려놓고 그녀의 스마트폰으로 풀 메이크업을 한 얼굴이 잘 나오도록 사진을 찍어줬다. 테레사는 오늘 요르니오스 델 까미노Hornillos del Camino, 부르고스에서 21.5km에서 멈출 생각이라고 했다. 그녀는 다정하고 솔직하고 괜찮은 아줌마였지만, 딱 여기까지만 함께 하고 싶다. 케니가 그토록 좋았다던 산 볼에 대해서는 굳이 얘기하지 않았다. 그녀는 요르니오스에서 헤어진다는 것을 서운해하는 눈치였다. 서둘러 작별하고 산 볼로 향했다.

SAN - BOL
AYTO DE IGLESIAS
ALBERGUE MUNICIPAL

'대체 어디에 있다는 거야.'

산 볼 입구 표시를 놓치기 쉬울 거라는 케니의 예언은 적중했다. 테레사와 헤어져 고원을 오르기 시작했는데 갑자기 하늘이 어두워졌다. 파란 잉크를 풀어놓은 것 같던 하늘이 순식간에 먹구름으로 가득 찼다. 이윽고 안개까지 번지기 시작했다. 시야가 끝나는 곳까지 온통 밀밭이었다. 초원 어디에도 마을은 보이지 않았다. 근처를 왔다 갔다 하다가, 까미노를 벗어나 800m 더 들어가야 산 볼이 있다는 것을 알게 되었다.

아로요 산 볼Arroyo San Bol, 요르니오스 델 까미노에서 6km은 산티아고 순례길 최고의 수수께끼이다. 밀밭 한가운데 덩그러니 남은 알베르게 건물이 산 볼의 전부였다. 1503년 하루 아침에 마을이 사라졌다는 전설이 내려온다. 확실한 기록은 없다. 전염병 때문에 사라졌다고도 하고, 유태인 추방령으로 주민들이 도주하면서 버려졌다고도 한다.

알베르게는 원래 14세기부터 산 안토니오 수도원에서 운영하던 요양병원이었다. 케니가 왔을 때는 전기도, 수도도, 화장실도 없는 생 야생 알베르게였지만 이곳도 2012년 문명을 받아들였다. 산 볼 알베르게 주변 수 킬로미터 안에는 아무것도 없다. 하루 8명에게만 저녁 식사와 잠자리 제공한다. 다행히 내가 마지막 행운의 주인공이 되었다.

"1000년 된 샘물이야. 여기 발을 담그면 순례가 끝날 때까지 아프지 않대."

마리카가 오들오들 떨면서 산 볼 알베르게의 정원에 있는 천연 샘물에 발을 담갔다. 얼마나 차가운지 마리카의 입술이 보라색으로 변했다. 그녀는 여덟 명 가운데 유일하게 전설의 효능을 시험하고 있었다.

스페인에서 펄펄 끓는 온돌을 만날 줄이야. 샘물에서 돌아오니 알베르게 돌 바닥이 한국의 찜질방보다 더 뜨겁게 절절 끓고 있었다. 바닥에 눕자 스트레칭 자세가 저절로 나왔다.

"바닥을 데우는 온돌 시스템은 한국이 원조야. 얼음 샘물보다 온돌 찜질이 훨씬 효과적일 걸!"

런던에서 온 에밀리와 그레이스 자매도 온돌파에 합류했다. 별 하늘을 이불 삼아 하룻밤을 지내는 행운은 내게 허락되지 않았다. 은하수를 펼쳐 놓아야 할 하늘은 밤새 진눈깨비를 쏟아냈다. 날씨 요정 테레사를 요르니오스에 떼어 놓고 온 것을 잠깐 후회했다.

나는 완벽하게 혼자였다

#19 산 볼에서 이테로 데 라 베가까지, 26.5km

다섯 시간 동안 한 사람도 만나지 못했다. 지구라는 행성에 나 혼자 있는 것 같은 경험이었다. 바람의 노래를 들어라! 하루키의 소설 제목이 떠올랐다. 바람 소리가 음악이 되어 텅 빈 공간을 채웠고, 난 그 노래를 행복하게 들었다. 존재감이 충만하게 차 올랐다. 마치 우주를 통째로 선물 받은 것 같은 뻐근한 희열이었다. 까미노의 바람은 모두 이루어진다. 다만 언제 누구에게 이뤄질지를 모를 뿐이다.

——— "혼자이고 싶었어. 철저하게 고독해지는 것."

산 볼에서 만난 요나스는 산티아고 길을 걷는 이유로 모든 관계에서 떠나보는 것을 꼽았다. 순례 중에는 인터넷에 연결하지 않고 전화도 없이 완전하게 세상과 멀어지는 것이 목표라고 했다. 사람들은 걷다가 바Bar나 알베르게에 도착하자마자 와이파이를 켠다. 몇 시간 걷는 동안 세상에 무슨 일이 일어났는지 확인하느라 바빴다. 요나스는 그런 사람들과는 확실히 달랐다.

산 볼은 몇 년 전부터 문명을 받아들여 전기와 수도, 화장실을 갖추긴 했지만, 아직 와이파이는 연결되지 않는다. 그 순간 세상에는 알베르게에 있는 여덟 명이 전부였다. 우리는 문명과 떨어져 지내야 하는 단절된 시간에 자부심을 느끼며 원탁에 둘러 앉아 식사를 했다.

산 볼에서 만난 사람들도 서로가 왜 이 평범하지 않은 여정을 시작했는지 궁금해 했다. 우리는 서로에게 물었다. 분명 다른 사람에게는 특별한 이유가 있으리라 생각하면서. 나만 이유 없이 걷고 있는 것은 아닌지 궁금해하면서.

나중에 생각해보니 그런 질문은 순례 전반기 이후로는 하지 않았던 것 같다. 레온을 지나 순례 길 후반으로 접어들면 모두 알아차린다. 명백한 이유가 있는 사람보다 '그냥', '어느 날 갑자기' 정도로 얼버무릴 수 밖에 없는 사람들이 대부분이라는 것을. 설사 특별한 이유를 가진 사람이라 하더라도 까미노에서 해결 방법을 찾고 대답을 들을 수 없다는 것을 알게 된다. 문득 어느 날부터는 '내가 이 길을 선택한 것이 아니라 길이 나를 불렀다'라는 믿음을 갖게 된다. 어떤 설명으로도 걸어보지 않은 그대를 이해시킬 수는 없겠지만.

"산 안톤의 축복을 받으세요. 특별한 스탬프를 찍어드릴게요."

13세기에 지어진 산 안톤 수도원Ruins del Convento de San Anton, 산 볼에서 10.5km 부근의 아

치를 지날 때 스탬프를 찍어주겠다는 노인을 만났다. 길에서 스탬프를 찍어 여정을 기록하고 추억을 남기는 것은 순례자들에게는 거부하기 힘든 유혹이다. 노인은 옆에 조가비와 나무 십자가를 잔뜩 쌓아두고 있었다. 맞다. 스탬프를 핑계로 물건을 파는 것이다.

"하나에 2유로, 두 개에 3유로만 내요."
그는 스탬프를 찍어주고 나에게 나무 십자가를 팔았다. 중세에 산 안톤의 병원에서 순례자와 병자들을 돌봐주던 수사들이 지녔던 나무 십자가에서 고안한 물건이었다.
야고보의 길에는 이처럼 여러 가지 축복이 상품으로 팔린다. 자본주의는 순례길에서도 그 어떤 신앙보다 위력적인 종교인 종교였다. 어쩌면 까미노 드 산티아고야말로 종교보다 자본주의가 더 센 힘을 가졌다는 것을 보여주는 상징일지도 모른다.
예루살렘에서 태어난 예수가 죽음을 이기고 부활해서 메시아임을 선포한 이래로 지금처럼 인기가 하락한 적은 없다. 그에게 제를 올리고 기도를 하기 위해 수백 년에 걸쳐 지은 성당이 지금은 기도하는 사람들의 것은 아니다. 성당은 옛 이야기를 사려는 사람들에게서 입장료를 챙겨야 한다. 유럽에는 극장이나 예식장용 매물로 나온 성당도 있다고 전해진다. 세상은 이렇지만 까미노는 여행 상품이 되어 스페인을 먹여 살리고 있다. 순례자 덕분에 까미노 마을이 탄생하고, 죽어있던 동네에 새로운 건물이 들어선다. 순례자를 위한 호스텔과 사설 알베르게가 들어선다.

"까미노의 기도는 증발하지 않고 현실로 보여진대. 언제일지 누구에게 이루어질지 알지 못할 뿐이야."
프란신의 말은 사실이었다. 기도는 기도한 사람만 독점할 수 있는 것이 아니었다. 그 옆 사람, 그 옆의 옆 사람에게 이루어지기도 한다.

"이 지구에, 온 우주에 아무도 없는 것처럼 혼자서 텅 빈 벌판을 걷고 싶어."
요나스의 간절한 기도는 신기하게도 그날 내게 이루어졌다. 만나고 나서야, 갖게 된 후에야 내가 그것을 얼마나 좋아하는지 깨닫게 될 때가 있다. 철저한 고독을 느끼고 싶다는 요나스의 꿈이 얼마나 달콤한 것인지 난 상상하기 어려웠다. 바로 그날, 상상도 해본 적 없는 것을 선물로 받았다.
카스트로헤리스Castrojeriz를 지나 나무는커녕 풀도 별반 자라지 않은 모스텔라레스 언덕Alto de Mostelares을 넘는 동안 세상에는 아무도 없는 듯 했다. 사방을 둘러봐도 눈에 닿는 것은 너른 평원을 덮은 푸른 밀밭과 까마득하게 보이는 지평선뿐이다. 내 숨소리, 등산화 바닥과 워킹스틱이 지표면에 닿으며 생기는 마찰음이 들판을 지나온 바람 소리에 섞여 들려올 뿐이었다. 햇볕과 바람 따라 푸르른 밀밭을 지나고 팔렌시아 지방으로 들어가 강변을 따라 걸었다. 이테로 데 라 베가Itero de La Vega에 도착하는 다섯 시간 동안 나는 단 한 사람도 만나지 못했다. 말 그대로 지구라는 행성에 나 혼자 있는 것 같은 경험이었다. 바람의 노래를 들어라! 하루키의 소설 제목이 떠올랐다. 바람 소리가 음악이 되어 텅 빈 공간을 채우고, 난 그 노래를 행복하게 들었다. 존재감이 충만하게 차 올랐다. 미처 알지도, 상상해 본 적도 없는 그런 종류의 행복이었다. 마치 누군가에게 우주를 통째로 선물 받은 것과 같은, 내 존재가 우주를 다 채우는 듯한 뻐근한 희열이었다. 까미노의 바람은 모두 이루어진다. 다만 언제 누구에게 이뤄질지를 모를 뿐.

가득한 희열은 거기까지였다. 나를 선택하여 부른 건 길이었다는 확신, 온전히 다른 사람이 될 수 있을 것 같던 자신감은 이테로 데 라 베가에서 사라졌다. 광장에 세워진 '심판의 기둥' 앞에서 갑자기 비가 내리기 시작할 때, 한 순례자가 내 오른쪽 어깨를 스치고 지나갔다. 좁지도 않은 길에서 서둘러 나를 추월한 초록색 우의를 입은 그 순례자가 내가 머물려던 알베르게의 마지막 침대를 차지했다.

4월의 까미노는 아직 한산한 편이다. 비수기라 이테로 데 라 베가처럼 작은 마을에서는 운영을 하는 알베르게가 거의 없다. 그나마 쓸만한 곳은 이곳 한군데였다. 알베르게 안에는 팔렌시아의 명물 버터 과자를 굽는 냄새가 가득했다. 호스피탈레로는 조금 전 나를 추월한 판초 우의를 가리키며 방금 마지막 침대가 찼다고 말했다. 나는 전쟁이나 재난 상황이 아니라면 누구도 선택하지 않을, 가장 불운한 사람을 위한 숙소에 배낭을 내려야 했다.

그곳은 귀신의 집 같았다. 걸을 때마다 나무가 삐걱거리고, 건물 안에는 비에 젖은 눅눅한 곰팡이 냄새가 가득했다. 라디에이터마저 얼음장처럼 차가웠다. 쌓아둔 담요에서는 쓰레기 분리 수거장 냄새가 진동했다. 와인을 잔뜩 마시고 잠을 청해 보는 것만이 오늘을 무사히 보낼 수 있는 방법일 것이다. 무료 급식소를 연상시키는 식당을 안내 받고 순례자 메뉴를 주문했다. 역한 냄새가 나는 파스타 한 접시를 먹으며 와인 한 병을 벌컥벌컥 다 마셔 버렸다. 오늘은 요나스의 바람이 내게 제대로 이루어진 날이었다. '우주 전체를 통째로 선물 받은 날'이었고, 마지막까지 그의 기도대로 나는 혼자였다. '완벽하게 고독하게 홀로.'

삶뿐 아니라
죽음에도 공평한 축복을

#20 이테로 데 라 베가에서 포블라시온 데 캄포스까지, 18km

"6개월쯤 살 수 있다는데 난 의사를 믿지 않아요."
네덜란드 아인트호번에서 온 시슬리아가 태연한 얼굴로 말했다. 병원에서 죽어가느니 산티아고 길을 걷고 싶었다고 했다. 지나오면서 목격한 수많은 묘지와 십자가가 떠올랐다. 까미노에서 생을 마친 사람들의 것이었다. 순례길에서 죽음에 이른 이들을 생각하며 허무하다 여겼는데, 그렇게 되기를 꿈꾸며 달려온 사람이 오늘 내 앞에 있었다.

——— 선잠이 들었다 깼다. 이빨이 부딪히며 딱딱 소리를 낸다. 기분 나쁜 냉기가 몸에 달라 붙어 떨어지지 않았다. 1층과 2층을 통 털어 나뿐인데 자꾸만 사람 소리가 들렸다. 유리창을 긁는 소리가 들리고, 누군가 삐걱이는 소리를 내며 걸어 다니는 듯했다. 억울한 영혼이 냉기를 뿜어내며 주인공을 괴롭히던 공포 영화가 생각났다. 낮에 안톤 수도원에서 할아버지에게 산 나무 십자가를 찾아 손에 쥐었다. 입김을 뿜어내며 노래를 불렀다.
"내애 주우를 가까이 하려어 하믄~."
순례 첫날 피레네에서 토마스에게 구출되기 전에도 이 노래가 저절로 나왔었다. 레파토리마저 하필 이리도 청승맞은지. 춥고 무서운 밤, 있는 대로 옷을 꺼내 입고 모자까지 눌러 쓰고 밤을 새웠다. 자는 둥 마는 둥, 꿈인지 상상인지 알 수 없는 공포에 떨면서 긴 밤을 보냈다.
초를 세듯 기다리던 아침이 왔다. 해가 뜬 시간이 지났지만 앞이 잘 보이지 않을 정도로 비가 내려 실내가 어두컴컴했다. 나는 그곳에서 도망쳐 나와 걸었다. 최악의 상황이었지만 갑자기 내가 가진 모든 게 감사하다는 생각이 들었다. 나를 감싸 밤새도록 지켜준 슬리핑 백, 기능성 좋은 고어텍스 점퍼, 십분 간격으로 보채는 나를 안심시켜준 야광 시계, 귀신의 냉기에서 체온을 지키게 해준 털 모자, 무거운 몸을 지탱해주는 워킹 스틱까지, 너무나 고마워 눈물이 났다. 내가 가진 모든 것이 고마웠다.

"오면서 보니까 시체가 널려있더라. 너무 불쌍해."
브리겟은 끔찍하다며 질린 표정으로 양 볼과 어깨를 떨었다. 보아디야Boadilla, 이테로 데 라 베가에서 8.1km까지 걷는 길은 발을 옮겨놓기가 힘들었다. 으스러진 달팽이 시체와 무자비하게 짓밟힐 운명의 달팽이들이 길에 가득했다.

"으으윽! 피한다고 피해 걸었는데 한 삼십 마리는 죽인 것 같아."

스페인 달팽이는 꽤 큰 편이다. 어떤 것은 메추리 알 두 배나 되는 커다란 집을 가졌다. 두터운 등산화 바닥을 지나 말 그대로 살생의 느낌이 전해져 왔다. 몇 년 전 경주가 떠올랐다. 석굴암에서 나오는 길이었다. 커브를 돌며 다람쥐를 보고 브레이크를 급히 밟았지만 이미 늦어 버렸다. 자동차 바퀴로 우지끈 지나며 생명체를 죽였다는 것을 느꼈다. 너무 생생한 그 느낌이 고스란히 전해져 엉덩이를 지나 등골까지 서늘했다.

브리겟과 함께 워킹 스틱으로 달팽이를 가장자리로 대피시키기도 하고, 겅중겅중 징검다리 건너듯 피하며 걸었다. 스위스에서 온 브리겟은 불교 신자다. 불교에 입문한지 7년 차라고 했다.

"유럽 젊은이들에게 개신교나 가톨릭은 뭔가 구식이라는 느낌이 강해. 답답하고 폐쇄적이라는 생각이 들어. 명상이나 불교에 끌리는 사람들이 요즘 많거든. 나도 그랬어. 처음엔 뭔가 힙Hip 하다는 느낌이었다고 할까."

야고보의 길을 걷는 스위스 여성이 불교 신자라는 사실이 조금 새롭고 낯설었다. 종교적인 이유로 이 길을 걷는 사람은 많지 않다. 이미 까미노는 인기 있는 도보 여행지가 되어버렸으니 이상할 것도 없지만, 그래도 나는 궁금해서 물었다.

"성당에는 들어가지 않고 그냥 패스 하겠네?"

"아니. 가능하면 모두 들어가서 기도해. 십자가의 예수에게 바치는 기도가 아니지만."

"성당에 앉아서 나무아미타불 기도문을 외우는 거야?"

"아냐. 그냥 명상에 가까운 기도지. 부처님, 관음보살, 예수님과 마리아, 야고보 성인까지 모든 성인들에게 바치는 기도인 셈이야. 이상해?"

"전혀! 진짜 멋지다."

하느님은 마땅치 않아 하실지 모르겠지만, 난 브리겟의 기도가 정말 넓고 멋있다고 생각했다. 우주 만물은 제각각 다른 모양이고, 다른 질서 속에 움직이는 것처럼 보이지만 실은 그렇지 않다. 우리는 서로 연결되어 조화를 이루어 살다가 명멸을 반복하는 존재이다. 그러니 브리겟의 기도가 다른 순례자의 기도와 다를 리가 없다. 하느님은 절대 쩨쩨한 분이 아니니 부처님, 알라에게 하는 기도까지 모두 들어주실 것이다.

"6개월쯤 살 수 있다는데 난 의사를 믿지 않아요."
네덜란드 아인트호번에서 온 시슬리아는 태연한 얼굴로 사망 선고를 받았다고 말했다. 나이는 60대 초반쯤? 그녀는 동생 에바와 함께 걷는다. 시슬리아는 마치 알프스 등정을 앞둔 알피니스트처럼 힘이 넘친다고 말했지만, 실은 에바의 부축 없이는 잘 걷지 못했다. 병원에서 시간을 보내며 죽느니 평생 소원이던 산티아고 길을 걷고 싶다고 했다. 하지만 그 상태로 순례길을 걷는 것은 무모하다는 생각이 들었다.
"고집을 당할 수가 없어요. 언니 몸 상태로는 비행기를 탈 수 없어서 운전해서 스페인까지 왔지요."
신나는 모험을 하는 중이라는 듯 에바의 잔주름 깊은 얼굴이 웃고 있었다. 나는 뭐라 말해야 할지 난감했는데, 브리겟이 명랑하게 끼어들었다.
"멋있어요. 정말 근사해요. 걸을 수 있을 만큼만 걸으면 되는 거죠."
"컨디션에 따라 걸어요. 1km든 500m든."
쉬다, 걷다를 반복하면서 하루 종일 걸을 수 있던 날도 있었다는데, 요즘은 시슬리아의 컨디션이 나빠졌다고 했다.
"여기에 와서 이미 3일째 호텔에만 있었으니, 이젠 답답해요. 서둘러 가야 할 필요는 없지만."

저녁을 먹은 후 쉬고 싶다는 시슬리아를 방으로 옮겨놓고 에바가 내려왔다. 브리겟의 초 긍정성에 용기를 얻었는지 죽이 맞아 한참 동안 깔깔거렸다. 애써 씩씩하고 밝게 웃던 그녀가 결국 눈물을 보인다.

"언니가 갑자기 죽을 수도 있다는 걸 아니까 너무 무서워요. 조만간 벌어질 일이니까요."

"병원에서 조치를 받고 좋아진 후에 다시 걷는 건 어떨까요?"

난 아무리 본인이 원한다지만 죽어가고 있는 사람을 방치하는 건 아닐까 걱정스러웠다. 하지만 브리겟은 대담하게 말했다.

"아니. 전 재희랑 생각이 달라요. 힘들더라도 용기를 내서 지속했으면 해요."

"언니랑 약속했어요. 무슨 일이 생기더라도 포기하지 않기로. 아니. 그 일이 생기기 전에는 집으로 돌아가지 않기로 약속한 거죠."

지나오면서 목격했던 수많은 십자가와 묘지가 떠올랐다. 까미노에서 생을 마친 사람들의 것이었다. 십자가와 묘지는 순례자들이 잠시 멈춰 서서 그들과 우리 모두의 안녕을 기도하는 포인트였다. 내게는 노란 리본을 달아주고 아이들을 위해 기도하던 제단이기도 했다. 순례길을 걷다가 심장마비나 사고로 죽음에 이른 이들을 생각하면 너무 허무하다는 생각이 들었는데, 그렇게 되기를 꿈꾸며 이 길로 달려온 사람이 오늘 내 앞에 있었다.

까미노는 삶을 찾기 위해 걷는 길이다. 어쩌면 시슬리아는 이미 삶의 길을 찾아내고 당당히 그 길에 선 사람일지도 모른다. 언니의 여정에 기꺼이 함께하는 에바 역시 그 누구보다 까미노가 주는 해답에 가까이 가기 위해 이 길을 걷는다. 삶이 언제나 축제인 것은 아니듯 죽음이 언제나 저주일 리 없다. 길 위에 선 우리는 삶뿐 아니라 죽음에도 공평하게 축복의 기도를 올렸다.

엄마
그 슬픈 이름

#21 포블라시온에서 카리온 데 로스 콘데스까지, 16km

인간은 그냥 몸이 다인가? 우리의 존재는 뇌의 기능으로만 증명될 수 있는 걸까? 기억을 잃어버리고, 몸을 움직이지 못하고, 생리 현상을 자각하지 못하는 인간은 존엄하지 않은가? 존엄성을 잃지 않기 위한 유일한 방법은 소멸일까? 아우성 중에 아픈 이름이 떠올랐다. 엄마!

———— "재희야~. 여기, 여기야!"

온 세상이 뿌옇게 안개로 가득한 아침이었다. 알베르게 바의 야외 테이블에서 누군가 손을 흔들며 일어났다. 테레사를 사흘 만에 다시 만났다.

"이럴 줄 알았지. 너 만나려고 기다렸어."

"내가 여기서 잔 걸 어떻게 알았어?"

"어제 프로미스타Frómista, 요르니오스 델 까미노에서 45km의 알베르게를 다 뒤졌는데 네가 없더라. 산 볼에서 너랑 함께 묵었던 사람을 만났거든. 거리를 따져봐도 여기서 더 갔을 리는 없을 것 같더라고."

눈 뜨자마자 출발해 이곳으로 와 커피를 마시며 내가 나올 거라고 주문을 외웠다고 했다. 그녀는 내 손을 잡고 팔짝팔짝 뛰었다. 겨우 하루를 함께 걸었을 뿐인데 기숙 학교 동창을 만난 듯 반가워 해주는 그녀가 고마웠다.

"지난 이틀 동안 비를 얼마나 맞았는지, 비틀어 짜면 물통으로 하나는 채울 거야."

나는 비 얘기로 시작해 귀신이 나올 것 같던 알베르게, 폭우에는 고어 텍스 방수 기능이 소용이 없다는 얘기, 날씨 운이 좋다는 네 덕에 오늘은 날이 좋을 거 같다는 얘기를 했다. 그녀가 웃으며 말했다.

"그러니까. 내가 기다리길 잘했지? 너도 날 만나서 좋지?"

"당연하지. 너무 좋아."

속눈썹 마스카라까지 풀 메이크업을 했던 그녀였는데 오늘은 얼굴에 화장기가 없다.

"너는 삼일 만에 순례자가 다 된 거 같은데?"

"아직도 짐은 맡겨. 애초에 배낭이라곤 이거 하나고. 수트 케이스를 가져왔거든."

머쓱한 표정으로 돌아선 그녀 등에는 여전히 손바닥보다 조금 큰 납작한 배낭이 매달려 있다. 차로 가방을 보낸다고, 자주 사진을 찍는다고 은근히 무시하고 따돌리려 했던 내가 부끄러웠다. 지난 삼일 간 나도 눈썹만큼은 컸나 보다.

"엄마가 알츠하이머를 앓다가 돌아가셨어."
비알카자르Villalcazar의 블랑카 성모 성당Iglesia de la Virgen Blanca에서 내내 어두운 표정이던 테레사가 말했다. 그래서 까미노를 걷기로 마음먹었다고 했다. 첫날 그녀는 간호사 정년 퇴직 기념으로 걷는다고 말했다. 하지만 진짜 이유는 엄마였다.
"내가 일하던 병원에서 운영하는 시설에 계셨어. 엄마가 돌아가시고 나니까 그만둬야겠다는 생각이 들더라. 연금 받을 조건은 이미 오래 전에 채웠거든."
전 생애를 모두 지우고 텅 비어가는 엄마를 지켜보기가 힘들었다고 했다. 뇌가 쪼그라드는 병, 알츠하이머는 기억력과 판단력만의 문제가 아니다. 한 꺼풀씩 소중한 기억을 잃고, 판단력을 잃다가, 인간일 수 있게 하는 모든 것을 잃는 병이다. 대소변을 가리기는커녕 인지하지도 못하다 욕창으로 돌아가셨다고 했다.
"내 직업은 평생 죽는 사람을 보는 거였어. 명예롭고 존엄한 죽음이란 애초에 없는 거야."
인간은 그냥 몸이 다인가? 우리의 존재는 뇌의 기능으로만 증명될 수 있는 걸까? 기억을 잃어버리고, 몸을 움직이지 못하고, 생리 현상을 자각하지 못하는 인간은 존엄하지 않은가? 존엄성을 잃지 않기 위한 유일한 방법은 소멸일까? 아우성 중에 아픈 이름이 떠올랐다.
엄마!

뇌종양 수술 후 엄마는 움직이지 못했다. 재활에 헛된 희망을 걸고 일년을 힘겹게 보냈지만, 결국 엄마는 왼손 외에는 작동하지 않는 몸을 받아들였다. 아들 둘, 딸 둘. 4남매 중에 24시간 돌봄이 필요한 노인과 동거할 수 있는 자식은 없었다.

치매를 앓는 노인이 대부분인 요양원으로 거처를 옮긴 후 엄마를 괴롭힌 것은 우울증이었다. 엄마는 종양과 함께 대뇌 좌반구 전두엽의 많은 부분을 잃어 말이 서툴렀다. 그게 싫어 엄마는 좀처럼 입을 열지 않았다. 어느 날 인지 검사를 하던 선생이 여기가 어딘지 아느냐고 묻자 엄마는 느리지만 또박또박 말씀하셨다.
"알지요. 쓸데없는 사람 갖다 버리는 곳이요."
그 말이 나를 베었다. 우울증 처방 약은 엄마와 화합하지 못했다. 생전 누구에게도 큰 소리 한번 내지 않았는데, 그 즈음에는 노여워 몸을 떨고 비명을 지르기도 했다. 엄마의 증상이 나빠지면서 우리의 바람도 점차 작아졌다. 엄마가 걸을 수 있기를 바라던 마음은 사라졌고, 말이라도 할 수 있기를 바라다가, 이제는 그것도 욕심이 되었다. 인간은 더 큰 불행을 만나야 비로소 행복했다는 것을 깨닫게 된다던가. 기적을 일으킨다는 성당 부조 조각의 힘을 빌어 얄팍한 기원을 바쳤다.
"엄마가 그저 평화롭기를. 슬픔이 없는 마음으로 남은 생을 살 수 있게 해주세요."
비얄카사르의 블랑카 성모 성당은 템플 기사단이 세운 성당 중 가장 유명하다. 엄마를 생각하며 성모님께 촛불을 봉헌했다.

테레사는 과연 날씨 부적이었다. 비 예보가 계속되었지만 우리는 비 한 방울 맞지 않았다. 유채꽃이 환하게 덮은 평야를 지나는 동안 모처럼 뽀송뽀송한 바람이 불었다. 엄마 생각에 내 기분은 마치 발이 바닥에 닿지 않는 풀장에서 허우적거리는 듯 했다. 그렇게 카리온 데 로스 콘데스Carrion de los Condes에 도착했다.
그날 그곳에서 일어났던 일을 어떻게 설명할 수 있을까. 이틀 내리 잠을 제대로 자지 못해서 하루쯤은 테레사 권유대로 호텔이나 맨션을 잡을 생각이었다. 그런데 하필 지역 행사 때문에 카리온의 호텔엔 빈방이 없었다.

"내 방에서 같이 잘래? 침대는 하나지만 방바닥에 침낭을 깔면 되잖아."
테레사의 제안은 고마웠지만 호텔 눈치를 보기는 싫었다. 다른 숙소를 찾을 요량으로 산타마리아 성당 앞으로 다시 돌아와 헤매는 중이었다.
"재희~. 이런! 난 네가 중간에 포기한 줄 알았어. 팜플로나 이후에 한 번도 못 봐서 걱정했지."
웨인 아저씨였다. 함께 걷던 마이클은 발목 염증이 심해 부르고스에서 포기했다고 했다. 산 볼에서 함께 머물렀던 에밀리와 제인도 만났다. 마르카와 브리겟, 프란신과 폴, 마엘까지, 중간 점검 모임이라도 하려는 듯 광장에 모여 있었다. 피터와 미헤일만 보이지 않았다. 둘을 찾아보려는데 로사가 내 팔을 당겼다.
"뭐해! 이쪽이야. 한 두 자리 남았을 거야."
성당 뒷골목에 입구가 있어 찾아가기 힘든 알베르게였다. 아우구스티노 수도회에서 운영하고 있었다. '춤추고 노래하듯 말하는' 수녀님이 순례자 한 사람 한 사람에게 일일이 알베르게 시설과 이용 방법을 알려줬다. 남녀 구분도 없고 연장자 우대도 없이 철저히 선착순으로 침대를 사용하는 곳이었다. 나는 2층에 하나 남은 구석 자리 침대를 얻었다.
"나도 순례자 축복 의식에 가면 안될까? 호텔에서 자는 사람은 못 들어오게 하는 건 아니겠지?"
수녀님들의 순례자 축복 의식에 테레사도 참여했다. 접수 홀과 2층 계단까지 꽉 채워 순례자들이 자리를 잡았다. 수녀님들이 북과 기타를 연주하며 노래를 시작했다. 나눠준 종이에는 스페인어 노래 가사가 적혀 있었다. 우리는 알파벳대로 더듬더듬 따라 노래를 불렀다. 뜻 모를 노래를 부르는데, 자꾸 가슴이 뭉클해지면서 목이 메여왔다. 알 수 없는 일이었다.

"네덜란드에서 온 마리카입니다. 네 번째 유산을 하고 엄마가 되는 것을 포기했습니다."
"프랑스에서 온 이사벨입니다. 돌아가신 할머니를 위해 걷습니다."
"미국에서 온 웨인입니다. 정년 퇴직을 했는데 어떻게 살아야 할 지 묻고 있습니다."
쉰 명 정도 되는 순례자들이 한 사람도 빠지지 않고, 어디서 온 누구이며 어떤 물음을 가지고 까미노에 왔는지 이야기를 나눴다. 모두의 이야기가 끝나고 나라별로 자기네 나라의 노래를 하나씩 불렀다.
'당신은 사랑 받기 위해 태어난 사람~ 당신의 삶 속에서 그 사랑 받고 있지요~~.'
한국 사람은 나까지 셋이었다. 아리랑이 아닌 한국 노래를 부른 건 우리가 처음이라고 했다. 노래를 부르고 원장 수녀와 다른 수녀 두 분이 모든 사람을 차례차례 축복했다.
"오늘 우리가 나눈 이야기와 소망은 우리 모두의 소망이자 꿈이 되었습니다. 우리의 기도는 각자의 기도가 아니라 모두의 기도가 될 것입니다."
원장 수녀님 옆에는 장애를 가진 수녀님이 서 있었다. 초점이 맞지 않는 눈에 입술은 조금 벌린 상태였고 몸은 미세하게 떨렸다. 그녀가 느린 걸음으로 사람들에게 다가가 직접 그린 별을 나눠줬다. 원장 수녀님은 한 사람 한 사람 안수 기도를 해 주셨다. 내 머리에 손을 얹은 그녀의 기도가 내 기도보다 길었다. 기다리다 눈을 뜨자 내 이마에 성호를 그으며, 그녀가 말했다.
"당신의 길이 끝날 때까지 이 별이 떠나지 않을 거예요."

어떻게든
다 낫게 해주셔야 합니다

#22 카리온 데 레스 콘데스에서 템플라리오스까지, 27km

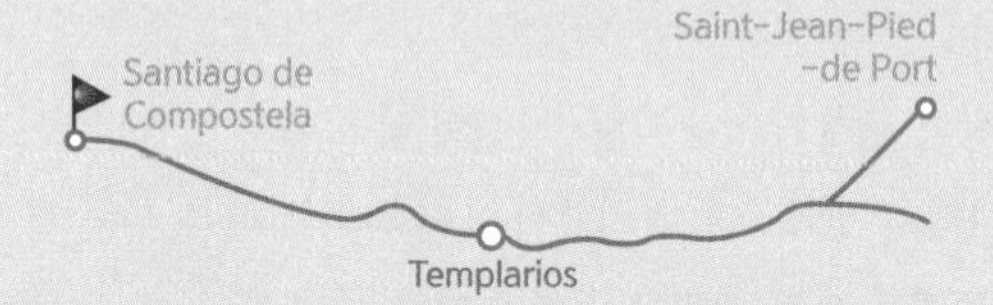

하느님! 그냥 바라만 보시는 하느님! 당신의 자식이라면서 우리의 아픔과 불행을 그냥 보기만 하시는 하느님! 고통을 면하게 해주지는 않더라도, 손잡고 위로는 해주셔야 하지 않나요? 어떻게든 다 낫게 해주셔야 합니다. 이제라도 다 잊게 해주셔야 합니다. 제발 부탁드려요. 기도가 엉망이라 죄송합니다. 버르장머리 없는 기도라도 이해해 주시리라 믿습니다. 아멘.

——— 비를 맞으며 서있는 사람이 보였다. 자세히 보니 프랑스에서 온 이사벨이었다.

“이사벨! 무슨 일이야?”

무겁게 젖어버린 그녀가 그대로 굳은 듯 겨우 고개만 돌려 나를 보았다. 오래 참았던 숨을 토해내듯 그녀가 말했다.

“도저히 못하겠어요. 지울 수가 없어요.”

이사벨을 처음 만난 곳은 그라뇬이다. 그녀는 목소리가 작았고, 그나마 말도 약간 더듬었다. 유난히 낯을 가려 순례자들이 묻는 말에 겨우 대답하거나, 크게 대꾸하지 않는 소녀였다. 반짝이는 흑발을 가진 가녀린 소녀에게 사람들은 호의를 보이며 대화를 시도했지만, 그녀의 반응은 항상 수줍음과 싸늘함 사이에 있었다. 옆에 앉은 덕에 몇 마디 주고받는 동안, 그녀가 나나 마르켈 같은 아줌마를 대할 때는 괜찮은데, 남자 순례자들을 대할 때는 태도가 다르다는 것을 어렴풋하게 느꼈다. 앙켈이나 피터처럼 사람 좋은 아저씨에게도 지나칠 만큼 방어적인 소녀였다.

잠깐씩이긴 했지만 우린 매일 까미노에서 마주쳐 여러 날을 함께 걸었다. 이사벨은 쉴 때면 시를 암송했다. 리듬에 맞춰 불어로 읊어주는 시여서 알아들을 수는 없었지만, 아름다운 음악처럼 들렸다. 그래서 시는 노래한다고 하는 모양이다. 말수가 적고 쉴 때는 노래 부르듯 시를 들려주는 소녀와 얼마든지 함께 걸을 수 있겠다고 생각했는데, 좀 친해졌나 싶다가도 다른 순례자가 인사를 건네면 어색해하며 앞서 가버리곤 했다. 그녀의 사람 기피증은 심했다. 둘 이상만 모여도 불편해했다. 그날 빗속에서 옴짝달싹 못하겠다며 그녀가 서있던 날 알게 되었다. 그녀가 열심히 도망치고 있었다는 것을. 숨을 못 쉬게 하는 기억으로부터, 사람으로부터 그녀는 최선을 다해 도망치고 있었다.

이사벨이 열 두 살일 때 엄마는 그녀를 할머니에게 보냈다. 돌아가실 때까지 그녀는 할머니와 함께 살았다. 그라뇬에서도 그리고 어제 카리온에서도, 작년에 돌아가신 할머니를 기리며 걷는다고 했다. 하지만 진짜 이유는 이사벨이 지울 수 없다는 기억, 엄마의 애인 때문이다. 어느 날 엄마의 애인이 이사벨을 아프게 만졌다고 했다.

"처음 그랬던 날이 내 생일이었어요. 그 후로 계속."

난 아무 말도 하지 못했다. 답답해 가슴이 터질 것 같았다.

이사벨은 엄마의 애인에게 추행을 당했다. 열 두 살 생일부터 그가 몇 차례나 이사벨을 괴롭혔는지는 기억하지 못한다고 했다. 망각은 사람의 뇌가 가지는 순기능일지도 모른다. 인간의 뇌는 기억하고 싶지 않은 것과 깊은 상처를 지우며 우리 기억을 조작하기도 하고, 잊게도 만든다. 이사벨은 그동안 그녀를 찌르고 날카롭게 헤집었던 기억을 대부분 잃었다고 했다. 생존을 위해 기억보다 망각이 더 중요할 수도 있다.

이사벨은 그 사실을 할머니에게 털어 놓았고, 이사벨은 엄마한테 뺨을 맞았다. 할머니에게 털어놓았다는 게 이유였다.

"딸기를 먹고 있었는데 엄마가 딸기 바구니를 엎어버리고 내 뺨을 때렸어요."

오래된 2G 폴더폰을 가지고 다니고, 빨갛게 언 손을 녹여 책장을 넘기며 책을 읽던 소녀. 길가의 풀을 꺾어 피리를 불던 이사벨의 볼은 옅은 핑크색이었다. 열여덟 번째 생일이 지났으니 프랑스에선 법적으로 성인이라지만, 핑크 빛 볼에는 아직 솜털이 곱게 자라고 있는 소녀였다. 그 소녀가 더 어린 시절의 이사벨 손을 잡고 어쩔 줄 몰라 하고 있었다. 어설픈 어른인 나는 그녀의 어깨를 안아주는 것 말고 뭘 해줘야 할지 알 수 없었다. 이사벨은 서툰 외국어 책을 읽듯 더듬더듬 깊은 마음을 풀어 놓았다. 나는 천천히 들을 뿐이었다. 그녀의 얘기를 듣는 동안 너무 마음이 아파 걸을 수 없는 순간이 몇 번이었다. 그때마다 멈춰 서서 나는 그녀를 꼭 안아줬다.

쉴 곳은커녕 화장실도 없는 길을 17km나 걸어야 했다. 실비는 멈추지 않았다. 비는 굵어지지도 가늘어지지도 않았고, 해는 구름 뒤로 숨어 버렸다. 어두운 날이라 얼마나 다행인지 모르겠다. 오늘 안개비가 그녀의 눈물을 덮어 줄 수 있어서, 규칙적인 워킹 스틱 소리가 우리 사이의 무거운 침묵을 덜어낼 수 있어서. 모든 게 다행스러웠다.
"할머니 돌아가시고 너무 힘들었어요. 너무 슬퍼서 그렇게 힘든 줄 알았어요. 그런데 걷는 동안 자꾸 그 때가 떠올라요. 한꺼번에 모든 기억이 몰려와요."
이사벨의 엄마는 대체 왜 자기 아이를 추행한 괴물을 따라 나섰을까? 대체 왜 이사벨을 때렸을까? 울지 않고 애써 담담해지려고 해 그녀가 더욱 슬퍼 보였다. 안쓰러운 마음에 그녀를 안고 있는데, 그 순간 얼굴 한번 보지 못한 이사벨의 엄마도 가여워졌다. 욕망 앞에 나약하고 잔인한 인간. 인간이라는 존재는 짐작할 수도 없는 불행과 운명에 한없이 유린 당하는 건가. 세상에는 감히 대비하거나 피할 수 없는 웅덩이가 가득하고, 누군가는 그 웅덩이에 대책 없이 빠져버리기도 한다. 불과 몇 시간 전까지 이사벨은 내게 낭뜨에서 온 맑고 순수한 소녀였다. 이렇게 어마어마한 상처로 피 흘리고 있다는 것을 상상할 수 없었다. 어쩌면 이사벨 엄마에게도 내가 비난 할 수 없는 사정이 있을지 모른다고 생각하며 치미는 화를 애써 눌렀다.

"모두 자기의 꿈을 찾기 위해 까미노를 걷습니다. 모두 자기만의 고통을 가슴에 품고 걷습니다. 꿈과 고통은 모두 하느님이 주신 축복입니다. 꿈만 찾고, 고

Santa María del Camino
o de las Victorias
Anónimo, entre 1250-1400dC
Piedra policromada

통을 외면할 방법은 없습니다. 이 길에서 우리는 고통을 돌봐 줄 힘을 얻기를 바랍니다."

카리온에서 수녀님에게 받은 축복의 말은 까미노에 대한 응답이었다. 나도, 이사벨도, 그 누구도 고통을 외면하고 꿈만 찾을 수는 없는 일이다.

이사벨이 내 앞에서 울고 있던 열두 살 아이를 불러낸 것은 내가 프랑스 사람이 아니어서였을지도 모른다. 외국인에게 외국어로 말하는 것은 오히려 수월했을 테니까. 익숙하지 않은 언어로 아픔과 거리를 둘 수 있으니까. 호기심과 비난 혹은 동정을 나눠주는 이웃으로 살 가능성이 없는 동양 아줌마에게 오랫동안 짓누르던 비밀을 털어 놓아도 괜찮다고 생각했을 것이다. 이 또한 까미노의 마법이다.

까미노는 아무리 친한 친구라 해도 털어놓기 힘든 속사정을 점심 도시락 꺼내놓듯 불쑥 풀어놓을 수 있게 만든다. 우울증으로 자해를 계속하는 아들을 둔 레베카, 남편이 가장 친한 친구와 바람을 피워 이혼 위기에 있다는 수잔, 8년이나 함께 살던 여자가 아무런 말도 없이 떠나버렸다는 한스의 아픈 사연을 나는 산티아고 가는 길에 들을 수 있었다.

카리온을 출발해 테라디오스 데 로스 템플라리오스Terradillos de los Templarios, 카리온 데 레스 콘데스에서 27km까지 걸었던 그날 나는 세 사람과 헤어졌다. 테레사는 새벽에 위경련으로 레온까지 차를 타고 가겠다는 메시지를 보내왔고, 더 이상 걸을 수 없다며 이사벨은 까미노를 중단했다. 저녁에는 그토록 소식이 궁금했던 피터에게서 메일을 받았다.

재희, 난 오늘 비엔나로 돌아가. 부르고스에서 치료를 받고 어떻게든 널 따라 잡아 보려 했는데 의사가 물어보더라. 두 다리로 걸으며 살고 싶냐고. 다리를 포기할 수 없으니 슬프지만 까미노를 포기해야지. 너를 만난 건 행운이었어. 우리는 완전히 다른 사람이잖아. 말도 다르고, 문화도 다르고, 미래도 다르겠지. 공통점이 하나도 없는 너와 이렇게 강렬한 연결을 느끼게 된 것은 까미노의 매직이야. 우리가 서로 너무 좋아하게 될까 봐 나를 더 이상 걷지 못하게 한 것도 어쩌면 까미노의 힘일 거야. (히! 하! 하!) 네가 산티아고까지 무사히 갈 수 있기를 기도할게. 부엔 까미노. -피터

까미노는 만남의 공간이었지만 화들짝 이별을 안겨주기도 했다. 가장 좋아한 세 사람과 한꺼번에 이별이라니 너무 슬펐다. 모두 다시 만나긴 힘들 것이다. 이사벨에게 아무 도움도 되지 못한다는 것이 너무도 마음에 걸렸다.
"하느님! 그냥 바라만 보시는 하느님! 우리가 당신의 자식이라면서 아픔과 불행을 막아주지는 않고 그냥 보기만 하시는 하느님! 고통을 면하게 해주지는 않더라도, 손잡고 위로는 해주셔야 하지 않나요? 어떻게든 다 낫게 해주셔야 합니다. 이제라도 다 잊게 해주셔야 합니다. 제발 부탁드려요. 꼭이요! 기도가 엉망이라 죄송합니다. 버르장머리 없는 기도라도 이해해 주시리라 믿습니다. 아멘."
간절한 기도였다. 이게 대체 얼마만인지. 그날부터 나는 다시 기도를 시작했다.

난 뭐가 되고 싶은가?

#23 템플라리오스에서 베르시아노스 델 레알 까미노까지, 25km

어렸을 때 장래 희망이 무엇이냐는 질문은 늘 나를 곤란하게 만들었다. 의사, 화가, 외교관, 야구선수. 꿈이 뭐냐는 물음에 우리는 왜 기껏 직업을 떠올렸던 걸까? 장래에 넌 어떤 사람이 되고 싶으냐고 묻는데, 겨우 '앞으로 이런 일을 해서 먹고 살래요'라고 대답하는 건 참으로 딱한 일이다.

——— 거짓말처럼 해가 나고 순식간에 쨍쨍한 볕이 쏟아졌다. 배낭을 뒤집어 축축한 옷과 양말을 꺼냈다. 양 손에 신발을 들고 볕을 받으려는 사람들이 알뜰하게 마당을 채운다. 웃통을 벗고 누운 아이들 옆으로 가 나도 태양신을 맞이했다.

"저 나무 좀 봐요. 열매가 많이도 열렸네. 모양도 특이하고 말이야. 저쪽 나무에는 파스타가 열리네요."

미국 서북부 오리건 주에서 온 론 아저씨가 가리킨 나무에는 알록달록한 양말이 촘촘히 걸려있었다. 신발끈까지 주렁주렁 널려 있어 얼핏 파스타면처럼 보이기도 했다. 웃을 기회를 노리고 있던 사람들처럼 모두들 푸하하 웃어댔다. 까미노에서는 사소한 일에도 소란스레 반응하게 된다. 나뭇가지에 양말을 매달아 놓은 모습만 봐도 웃음이 터지고, 햇볕에 빨래가 마르고 있다는 사실에도 짜릿해한다. 우울했던 마음이 위로를 받고 힘이 수북하게 쌓이는 것 같다. 역시 햇볕만한 강장제는 없다.

누군가 해가 난 기념이라며 샴페인을 돌렸을 때 나는 루시와 인사를 나누었다. 그녀 또한 맑은 날씨 때문에 매우 들떠 보였다.

"정말 사랑스러운 날씨예요."

"생장에서 출발한 후 3주 내내 비가 왔는데 오늘은 정말 화창하네요."

"비가 너무 많이 내려서 스페인을 태양의 나라라 부르는 이유를 모르겠더라고요."

루시는 캐나다 퀘벡에서 온 통역자다. 어릴 때 남미에 자라 영어, 불어, 스페인어가 모국어 수준이고, 독일어와 이태리어도 잘 하는 진정한 멀티 링구얼두 개 이상의 언어를 모국어처럼 사용하는 사람이다. 지금은 통역을 하고 있지만, 어릴 때는 뮤지컬 배우가 꿈이었다고 했다.

"레미제라블 극단 투어 통역을 맡았었어요. 꿈을 꾸는 것처럼 즐겁고 행복하게 지냈는데, 일이 끝나고 나서 한동안 후유증이 심했어요."
"정말 그랬겠네요. 게다가 레미제라블 팀은 세계 최고잖아요."
"뮤지컬 배우가 되겠다고 뉴욕 가서 2년 동안 방황해 본 적도 있어요."
부러웠다. 나는 저렇게 확실하게 뭔가 되고 싶었던 적이 있었나. 어렸을 때 장래 희망이 무엇이냐는 질문은 늘 나를 곤란하게 만들었다. 반면 친구들은 확실해 보였다. 의사나 화가, 야구선수 같은 확실한 꿈을 가진 친구들이 신기해 보였고, 자라면서 그 확신이 부럽고 초조했다. 고3때 친척 오빠가 외무고시에 합격했다. 학교 선생님이 많던 우리 집안에 외교관이라니, 막연히 폼 난다는 생각을 했다. 그래서 정치외교학과에 들어갔지만, 무자비한 80년대를 핑계로 고시 공부 따위는 하지 않았다. 분노가 넘치는 시절이었지만 나는 비겁했고 용기도 없었다. 공부도 저항도 그렇다고 놀지도 않으면서 무기력하게 대학 시절을 보냈다. 졸업을 앞두고 기자가 되어볼까 하고 신문사와 방송국에 지원했지만 그 무수한 시험을 통과하지 못했다. 조금도 아쉽지 않았던 걸 보면 기자도 내 꿈은 아니었던 모양이다.
도피하듯 회사에 들어가 월급쟁이가 되었다. 20여 년 후 대통령이 된 대기업 CEO의 비서로 입사했다가 1년 만에 도망치듯 나와, 다국적 기업으로 자리를 옮겼다. 다행히 여러 회사를 전전하는 동안 큰 불운 없이 성장할 수 있었다. 신문과 잡지 귀퉁이에 얼굴이 실려 주변 사람들에게 성공했다는 소리를 듣기도 했다. 부끄럽게도 작은 성공에 우쭐한 적도 있었지만, 진짜 성취감을 느낀 적은 없었다. 이제와 두 번째 스물다섯 살이 된 후에 '난 뭐가 되고 싶은가'를 다시 고민하는 처지가 되었다. 나는 루시의 확신과 도전에 기가 죽었다. 어쩌면 불행하기까지 했다.
"재능이 없더라고요. 뉴욕에서 버티는 2년 동안 알았어요. 노력해도 안 되는 게 있다는 걸."

"2년이나? 도전 자체가 대단해요. 이제 미련은 없어요?"
"깨끗이 포기했죠. 아마추어 팀으로 활동해요. 작은 무대 빌려서 일년에 한 번 공연도 하고요."
찌르르. 손끝으로 약하게 전율을 느꼈다. 꿈이 뭐냐는 물음에 우리는 왜 기껏 직업만을 떠올려왔던 걸까. 장래에 넌 어떤 사람이 되고 싶으냐고 묻는데, 겨우 '앞으로 이런 일을 해서 먹고 살래요'라고 대답하는 건 참으로 딱한 일이다. 노래하고 춤추며 자신과 타인을 행복하게 만들고 싶은 사람이 되는 게 꿈이었다면 루시는 꿈을 이룬 것이다. 통역으로 돈을 번다고 해서 뮤지컬 배우로 실패한 것은 아니니까.
"포기한 게 아니고 꿈을 이룬 거에요. 루시는 뮤지컬 배우예요."
"……?"
"뮤지컬을 하잖아요. 배우로 돈을 벌지 않을 뿐이지."
나는 그 순간 루시를 보며 '꿈'으로 포장하고 사실은 '장래 직업'을 묻던 낡아빠진 문법을 거부할 수 있었다. 높은 수입을 성공이라고 부르는 법칙에 따르지 않을 작정을 하고 나니, 오히려 꿈이 커지는 느낌이었다. 이제서야 원대한 꿈을 꿀 수 있을 것만 같았다.

"까미노가 언젠가는 끝나겠죠? 이 길에 끝이 있을 거라는 생각에 아쉬워져요."
루시와 나는 같은 생각을 하고 있었다. 사아군Sahagún, 테라디오스 데 로스 템플라리오스에서 11.9km으로 이어진 메세타의 길을 내가 과연 잊을 수 있을까? 밀밭이 끝없이 펼쳐진 평원이라 힘들 거라고들 했는데, 난 단순하게 걷는 길이 행복하기만 했다. 행복한 메세타에서도 배는 어김없이 고팠다. 세상이 알아주는 멋진 마을이라면 세상에서 제일 맛있다는 빵집이 하나쯤 있어야 한다. 과연 멋진 마을 사아군은

나를 실망시키지 않았다. 배 파이와 딸기 파이, 빵을 사랑하는 사람이라면 반드시 먹어야 할 바게트와 치즈 케이크가 가득한 빵집을 발견했다. 루시와 나는 보석 진열장에서 예물을 고르는 신부처럼 신중하게 그러나 한 번뿐인 기회를 절대로 놓치지 않겠다는 자세로 거의 모든 케이크를 맛보았다. 그렇게 혀를 만족시키고 배를 든든하게 채워준 파이의 힘으로 도도하게 펼쳐진 유채 꽃밭을 다시 걸었다. 베르시아노스Bercianos del Real Camino까지 세 시간 동안 세상은 온통 노란빛이었다.

"그 발이 신발에 들어간 것도 신기하네요. 대체 어떻게 걸었어요?"
론 아저씨의 복숭아뼈 위로 주먹만한 물집이 솟아 있었다. 론은 소방 영웅이다. 30년 동안 화재 진압 작전을 수행하며 불을 끄고 사람을 구하는 일을 했던 그가 킹사이즈 물집 때문에 쩔쩔매고 있었다.
"바늘로 찔렀는데 아무것도 나오지 않고 아프기만 해."
나는 물집 전문가다. 근육 경련에 의한 기능 상실 즉 쥐가 나는 증상으로 상습적 민폐를 끼치기도 했지만, 실은 다년간 시달리며 익혀온 물집 예방 및 관리로 전문가의 대열에 올라 있었다.
"에헴~. 물집은 바늘로 찌르는 게 아니야. 바늘에 실을 꿰어 물집을 통과시켜 진물이 실을 타고 흘러내리게 해야 된다고. 내가 해볼게요."
첫 번째 시도는 실패였다. 생각보다 상태가 심각했다. 바늘이 들어가지 않을 정도로 두꺼운 표피 밑으로 진득한 고름까지 들어 있었다. 루시의 손톱 정리 가위를 라이터불로 지진 후 알코올로 소독하여 물집에 구멍을 냈다. 바늘에 여러 가닥으로 꿴 실을 통과시키고 물집을 누르자 고름과 진물이 실을 타고 뚝뚝 흘러내렸다. 성공이다.

성공이었지만 내 모습이 내게도 낯설었다. 난 다른 사람과 신체가 닿는 걸 극도로 싫어한다. 마시지도 싫어해서 연예인들 사이에서도 유명하다는 청담동 숍 이용권을 선물 받고도 다른 사람에게 줘버릴 정도였다. 착한 일 해보겠다고 봉사단체에 들어는 갔지만 한번도 목욕 봉사는 받아들이지 못했다. 그런데 다른 사람을, 그것도 발을 만지고, 진득한 진물을 눌러 빼고 압박 붕대를 감아주다니. 지켜보던 사람들이 박수를 치며 다가와 어깨를 다독일 때 정신이 들었다. 이거 실화야? 정말 내가 한 거야?

"넌 천사야. 솔직히 보는 것만으로도 비위가 상했거든."

"재희야 너 수술을 집도하는 의사 같았어."

어쩌다 단 한 번 남의 발을 만지고 손에 진물과 고름을 묻혔다고 천사는 아니다. 이걸로 사람이 변했다며 호들갑 떨 일은 더더욱 아니다. 그런데 어쩌면 이 길을 다 지나고 나면 내가 이전과는 좀 다른 사람이 될지도 모른다는 생각이 들었다. 그날 이후로 순례자들은 나를 블리스터 엔젤물집 천사이라 불렀다. 천사는 천사인데 물집 천사라니.

괜찮아, 다 괜찮아!

#24 베르시아노스에서 만시야까지, 27km

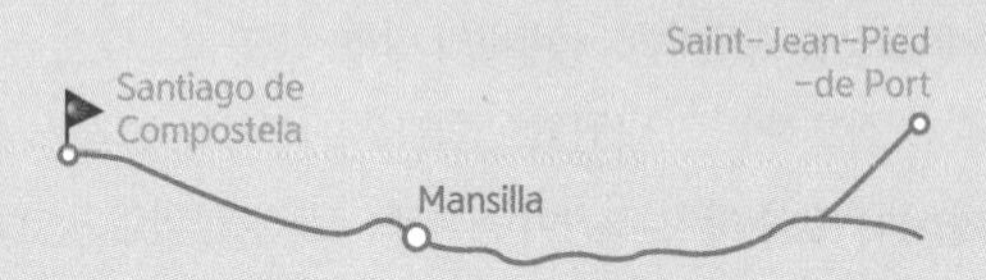

순례자에게는 궂은 날이 축복이다. 은총은 명랑하고 청명한 길에서 만나는 것이 아니었다. 이 심술궂은 날씨는 덮어둔 기억을 소환해서 나를 만나게 해주었다. 폭우는 깊이 숨어 있던 추억을 들춰내 서럽게 울게 하더니, 그 울음 끝에 또 다른 기억을 불러냈다. 조금 전까지 눈물 범벅이던 나는 실성한 사람처럼 빙글 벙글 웃으며 걸었다.

언젠가 먼 훗날에 / 저 넓고 거칠은 세상 끝 바다로 갈 거라고
아무도 못 봤지만 / 기억 속 어딘가 들리는 파도 소리 따라서 / 나는 영원히 갈래
- 이적의 노래 <달팽이> 중에서

만시야Mansilla de las Mulas까지 가는 전통 까미노는 자동차 전용 도로를 끼고 있다. 빈약한 가로수를 일정한 간격으로 심어 차도와 순례길을 구분해 놓았다. 메세타는 여름이 되면 아스팔트가 녹는 열기에 순례자들이 지옥을 경험하는 곳이다. 오늘은 메세타에 봄비가 거세게 내렸다. 360도로 휘몰아치는 바람이 신발 속으로 비를 쏟아 부었다. 순례길은 진창으로 변했다. 아스팔트 길이나 진창 길이나 차도 없고 사람도 없다. 순례길을 버리고 차도를 따라 걸었다.
비가 오니 제일 먼저 달팽이 여행자가 나타났다. 평생이 걸리더라도 차도를 기필코 넘어가겠다는 달팽이를 마주하니 노래가 저절로 나왔다. 아침부터 이적의 〈달팽이〉를 큰 소리로 부르며 걸었다. 기분이 상쾌했다. 비를 맞으며 길을 나서는 것도 익숙해졌다. 진창을 피하며 자연스럽게 차도를 걷는 것도 이상할 것이 없다. 까미노에 완전히 적응한 건가. 모처럼 평화롭게 걷는데, 진창의 인생 길을 뚜벅뚜벅 걸었던 아빠 얼굴이 떠올랐다.

"못생겼어. 남자 어른 시계잖아."
중학교 입학 선물로 세이코 손목 시계를 선물 받고 나는 아빠에게 이렇게 말했다. 메탈 밴드에 묵직한 시계가 맘에 들지 않았다. 무겁고 이상하게 생긴 초록 바탕 어른 시계. 내 눈엔 그렇게 보였다. 실망스러웠다. 친구들 손목에 있던 장난감처럼 예쁘장한 시계를 기대했건만 어른 시계라니. 잔뜩 실망하는 내 표정에 아

빠는 당황해 하셨다. 아빠는 설명했다. 이 시계가 얼마나 귀한 건지, 친구들 것과 비교할 수도 없을 만큼 좋은 것인지를 연거푸 설명했었다. 알아주길 바라셨겠지만 열세 살 소녀에게는 소용없는 일이었다.

요즘은 100만원이 넘는 휴대폰이 아이들 생일 선물로 건네지는 시절이지만, 그때 시계는 값 나가는 물건이었고 귀했다. 나는 부모님이 결혼 후 8년 만에 어렵사리 얻은 첫 딸이다. 아빠는 그 딸이 중학교에 입학하는 것을 대견해하셨다. 중학생 딸을 위해 고가 시계를 고르던, 조금은 들떠 있었을 40대 가장 아빠가 그려진다. 당시 아빠 수입은 변변치 않았고 형편은 어려웠다. 그에게 시계는 벼르고 별러 큰 맘 먹고 계획한 선물이었을 것이다. 여러 번 시계를 보러 가셨을 아빠. 쇼윈도우에서 반짝이는 시계를 보며 행복하게 웃는 딸을 상상하셨겠지. 실망해 하는 딸을 바라보는 아빠 얼굴엔 더 큰 실망의 빛이 역력했었다.

나는 시계를 함부로 다뤘다. 체육 시간에 긁혀도, 물에 잠겨도, 책상에서 떨어져도 개의치 않았다. 시계는 튼튼했고 망가지지 않았다. 그 시계가 언제 어떻게 나를 떠났는지 기억나지 않는다. 어느 날부터인가 여기저기 긁힌 시계는 책상 서랍에서 뒹굴었고, 나는 고등학교 때부터 납작한 전자 시계를 끼고 다녔다. 왜 이제야 생각났을까. 까맣게 잊고 있던 내 시계. 갑자기 잊고 있던 기억이 생생하게 떠올랐다. 왜 항상 깨닫고 난 후엔 늦은 걸까. 빗속에서 사무치게 아빠가 보고 싶었다.

아빠에게 운명은 친절하지 않았다. 어린 시절 그는 배가 고팠다고 했다. 집안을 일으킬 희망이었던 큰아버지와 어린 삼촌 대신 식구들의 생계를 책임졌다. 그 후로도 아빠 어깨의 짐은 가벼웠던 적이 없다. 그럭저럭 나아질 무렵에는 이미 깊은 병이 생긴 후였다. 평생 그는 있는 힘을 다했지만 불운했다. 나는 아빠의 불운과 무능을 구별하지 못했고 능력 있는 아빠를 둔 친구들을 질투하기도 했다. 내가 아빠를 위로할 수 있는 나이가 되기 전에 아빠는 돌아가셨다. 마음에 든다고, 내게 주신 모든 것에 감사하다고, 한번도 그렇게 말해드린 적이 없다.
"아빠, 미안해. 아빠, 미안해. 아빠, 정말 미안해!"
폭우가 쏟아지는 메세타에서 빗물 같은 눈물이 펑펑 쏟아졌다.

순례자에게는 맑고 청명한 날보다 폭우가 몰아치는 궂은 날이 축복이다. 은총은 명랑하고 청명한 길에서 만나는 것이 아니었다. 이 심술궂은 날씨는 덮어둔 기억을 소환해서 나를 만나게 해주었다. 폭우는 깊이 숨어 있던 추억을 들춰내 서럽게 울게 하더니, 그 울음 끝에 또 다른 기억을 불러냈다. 그 기억으로 조금 전까지 눈물 범벅이던 내가 실성한 사람처럼 빙글 벙글 웃으며 걸을 수 있었다.

출장으로 파김치가 되어있던 나를 일순간 환하게 밝혀준 것은 달콤한 사탕 색 헤드폰이었다. 보스톤 공항 면세점에서 내 눈에 띄었는데, 헤드폰은 생각보다 비쌌다. 가격표를 몇 번이나 만져보다가 난 그 비싼 닥터 드레Dr. Dre 신상 헤드폰을 샀다. 비싸긴 했지만 열 세 살이 된 딸에게 선물할 거니까 괜찮았다. 딸이 이걸 받고 좋아서 깡총깡총 뛸 걸 생각하니, 카드를 긁으면서도 엄청 행복했다. 두근두근. 집으로 돌아와 딸에게 헤드폰을 내밀었다. 딸 아이는 받는 둥 마는 둥, 오랜 만에 돌아온 엄마를 보고 인사를 하는 둥 마는 둥, TV에서 눈을 떼지 않았다. 빗속에서, 그 날 본 딸의 얼굴이 아빠 얼굴, 내 얼굴 위로 차례로 겹쳐 보였다. 난 메세타에서 눈물을 그치고 코를 풀면서 정신이 약간 나간 사람처럼 웃었다. 딸은 자라서 엄마가 된다. 엄마가 된 딸이 그 자신의 딸을 통해, 시계를 고르던 아버지와 딸이었던 자신을 만난 것이다.

"괜찮아. 괜찮아. 어린애였잖아. 에이 뭐 그런걸 기억하고 그러니. 난 다 잊었는데. 아무래도 다 괜찮아."
아빠가 빗속에서 웃으며 말했다. 나도 따라 웃었다.
용서를 구할 일이 아니었고 그저 고맙다고, 감사했노라하면 될 일이었다. 그 시절의 나를 용서하고 안아줘야 할 사람도 나였다. 나는 온 힘을 다해 나와 화해했다. 내 딸 덕분이다. 보스톤 공항에서 산 닥터 드레 헤드폰이 뽀얀 먼지를 덮어쓰게 만들어 준, 고맙다는 말없이 무심하게 구석에 처박아 둔, 내 아이의 공이었다. 피식 웃음이 나왔다. 원래 그런 거다. 자식 사랑은 절대 이뤄지지 않는 짝사랑이라고 하지 않던가.
그리움은 잊지 않고 기억하는 거라고 했다. 아빠가 보고 싶은 만큼 딸이 보고 싶어졌다. 전화를 걸어봐야 '나 지금 좀 바쁜데 급한 일이야?'라고 할게 뻔한 내 딸이 보고 싶어 신발을 철벅거리며 힘차게 걸었다.
만시야에 도착했을 때는 내 몸이 물기둥이라도 된 듯 했다. 신발 가득 빗물이 찰랑였다. 신발 속에서 빗물을 쏟아내면서 깔깔 웃었다. 믿을 수 없이 행복했다. 종일 물폭탄을 맞은 날이었는데, 그렇게까지 홀가분해진 이유를 도저히 설명할 방법이 없다. 그날 나는 비가 퍼붓는 메세타에서 울다가 웃다가 다시 엉엉 울면서 무려 27km를 걸었을 뿐이다.

레온
이 도시가 나를 거부한다

#25 만시야에서 레온까지, 19.5km

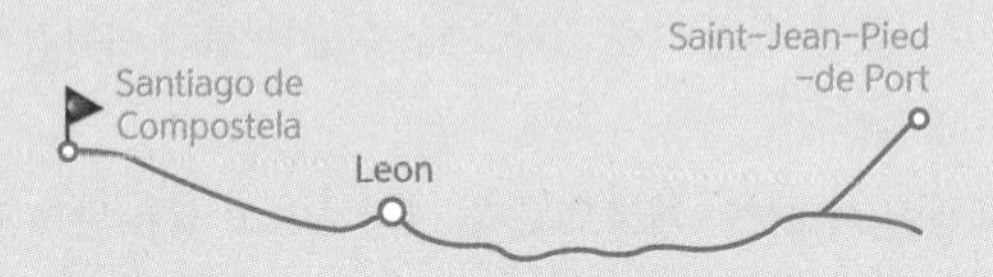

레온에 가면 바삭바삭, 풀을 먹인 화이트 린넨 이불을 덮어주리라. 순례자 숙소 말고 호텔에서 푹 쉬면서 하루 정도 더 머물겠다고 생각했다. 좀 과하다 싶을 만큼 나한테 잘해주고 싶은 날이었다. 하지만 이 도시는 나를 거부했다. 사람들은 차림이 후줄근한 순례자를 투명 인간 보듯 무시했다. 갑자기, 눈인사를 나누는 사람들이 사는 곳, 그런 곳으로 가고 싶어졌다.

——— 레온에 가면 바사삭, 풀을 골고루 먹인 화이트 린넨 이불을 덮어주리라. 순례자 숙소 말고 호텔에서 푹 쉬면서 하루 정도 더 머물겠다고 생각했다. 좀 과하다 싶을 만큼 나한테 잘해주고 싶은 날이었다.
레온Leon은 2000년 전에 로마인들이 세운 도시다. 산티아고 순례 길 반을 넘겨 5분의 3쯤을 걸어온 지점에 있다. 순례자에게 중요한 이정표 역할을 한다. 문화 예술 유산이 겹겹이 쌓여있어 아름답고, 중세 느낌이 물씬 풍겨 더욱 매력적인 곳이다. 무엇보다 스페인 최고의 식도락을 향유할 수 있는 곳이라니, 순례자 신분에서 하루쯤 벗어나리라는 기대감으로 마음이 더욱 급해졌다. 아! 드디어! 레온이다!

"레온에서 난 집으로 돌아가야겠어. 더 이상은 무릎이 안 될 것 같아."
레베카가 말했다. 메를린도 끼어 들었다.
"나도 레온까지만 갈 거야. 애초에 두 번으로 나눠서 걸을 생각이었어."
레베카는 무릎 뼈가 어긋난 것 같다며 고통스러워했다. 얼굴이 유난히 어두웠는데, 결국 포기하기로 결정한 모양이다. 레베카도 매를린도 레온까지만 가는구나. 순례가 후반으로 접어들면서 점점 더 많은 이탈자가 생기기 시작했다. 순례길에서 만난 사람 중에 이미 많은 사람이 순례를 중단했다. 매를린처럼 산티아고까지 800km를 한번에 걷기보다 두 구간으로 나눠서 순례하는 사람들은 대부분 유럽인들이다. 비행기로 두 세 시간이면 오갈 수 있는 거리인데다, 국경을 자동차로 자유롭게 넘나들 수 있기 때문일 것이다.
"오늘 밤에 우리 술 한잔 하자. 재희의 완주를 위해. 그리고 우리가 다시 이곳에 올 날을 위해."
매를린은 새삼스럽게 술 한잔을 외쳤다. 하지만 언제 술을 안 마신 날이 있었나? 까미노에서는 매일 매일 기념할 일이 있었다. 어떤 날은 햇볕이 나서, 어떤 날은 폭우에 걷느라 수고해서 그날을 기념해야 했다. 그게 아니면 만난 게 반가워서, 또 누군가의 생일이었기에 축배를 들었다. 매일매일 파티를 하지 않을 이유가 없었다.

포르티요Portillo 언덕을 넘으니 4차선 고속도로가 나타났다. 평생 대도시에 살다 고작 22일을 순례자로 지냈을 뿐인데, 도시의 출현이 불편하고 낯설다. 순례를 시작하고 처음으로 빵빵거리는 경음기 소리를 들었다. 제일 처음 레온이 '사자의 도시'라는 것을 알려준 것은 푸조Peugeot 매장의 사자 엠블럼이다. 자동차 매장은 지난 22일간 본 적이 없는 크기의 거대한 건물이었다. 유리와 대리석으로 반짝거리는 건물 앞 인도에는 푸조들이 길게 늘어서 있었다. 푸조 왕국 옆 드라이브인 KFC 건물을 지나 도시로 들어가면서 나는 내 상태를 새로이 인식했다. 지난 3주간 비를 맞고 흙에 뒹군 신발과 옷가지, 거대한 배낭을 지고 있는 사람. 피로를 잔뜩 짊어 진 곤궁함을 감출 수 없는 사람이었다. 말끔히 차려 입은 사람들이 차지한 대도시와 화합할 수 없는 반 노숙 부랑자에 가까웠다.

"못 들어 간다니 그게 무슨 말이야?"
이런 황당한 경우가 있나. 코 앞에서 문을 닫아버린 아저씨가 거만한 표정으로 뭐라고 하는데 알아들을 수가 없다. 스페인어를 하는 매를린이 나서 몇 마디를 주고 받았는데, 여자는 들어오면 안 된다고 했다는 것이다.
"여자라서 안 된다고? 확실해? 너 스페인어 할 줄 아는 거 맞지?"
그저 워킹 스틱의 고무 캡을 사야 했을 뿐이다. 본래 끼워있던 덮개가 닳아 비아나에서 교체했는데, 어제 보니 또 스파이크가 나오기 직전이었다. 레온에 가면

살 수 있을 거라고 생각했는데, 겨우 찾은 아웃도어 용품점에 들어서는 순간 남자가 강력하게 거부했다. 남자는 아예 안에서 문을 잡고 눈을 깔면서 고개를 가로저었다. 믿을 수 없었지만, 아주 분명한 거절을 당한 것이다. 조선시대에 장옷 입은 여자가 고깃배를 태워달라는 것도 아니고, 21세기에 이베리아 반도 북서부의 경제 발전을 견인한다는 레온에서 등산 스틱의 고무 캡을 사겠다는 여자를 매장에 들어오지 못하게 하다니! 이해할 수 없었다.

"지금이 프랑코 시대인줄 아나 보지? 웃겨 정말!"

"재희야 그냥 다른데 찾아보자."

매를린은 곤란한 표정을 지었다. 내 팔을 당기며 미안해하는 매를린을 보며 불쑥 의혹이 솟았다. 혹시 저 사람 인종 차별 하는 거야? 내가 동양인이라서 안 된다고 한 건가? 매를린은 차마 그 말을 전할 수 없어서 여자는 들어오면 안되다고 했다고 둘러댄 건 아닐까? 찝찝했지만 매를린에게 따져봐야 무슨 소용이 있겠나. 닫힌 문 앞에서 발길을 돌렸다. 이 도시, 불쾌하다.

레온의 멋진 건축물은 아무런 감흥도 주지 못했다. 레온 대성당 앞의 벤치에 앉아 다리를 쉬며 우리가 반 노숙 부랑자임을 실감했다. 1000년 전에 지어진 바실리카와 박물관도, 왕가의 무덤도 다 소용없었다. 구 시가지의 광장과 골목길 상점에서 만난 사람들도 어떻게 하나같이 그렇게 불친절하던지. 휘황찬란한 쇼윈도 앞에 등을 구부리고 앉아 구걸하는 사람과 셀카봉을 들고 흥분한 관광객이 뒤섞이는 도시에서 순례자는 이방인이었다. 후줄근한 차림으로 도시에 섞이지 못하는 순례자를 사람들은 귀찮아 하거나 투명 인간 보듯 무시했다. 순례자끼리만 서로를 알아보고 인사했다.

"부엔 까미노!"

나는 순례자 인사를 건넸지만 진짜 하고 싶은 말은 이거였다.

"당장 떠나고 싶어."

푹신한 침대와 이불 따위에 굴복해서 이 거만한 도시의 유서 깊은 호텔을 기웃거리고 싶지 않았다. 하루 더 머물겠다던 마음이 싹 사라졌다. '흥! 어쩔 수 없어 온 것뿐이라고. 까미노가 이 도시를 지나게 되어 있어서, 정말 어쩔 수 없이 잠시 있는 것뿐이라고!' 할 수만 있다면 소리라도 지르고 싶은 심정이었다.

중세 느낌이 나는 골목길 따위는 없어도 좋다. 마주치면 눈인사를 나누는 사람들이 사는 곳, 붐비지 않고 덜 유명한 마을로 가고 싶다. 당장!

세상에 슬픔 없는 사람이 어디 있겠어요

#26 레온에서 산 마르틴까지, 26km

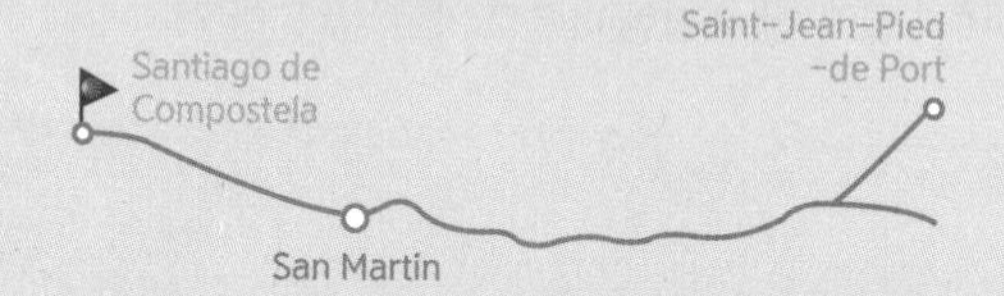

레베카의 고백으로 게임도 끝나고 술자리도 끝났다. 모두 레베카를 안아주고, 서로를 안아주면서 눈물을 닦았다. <노팅힐>의 '브라우니 게임'은 가장 불행한 사람이 이기는 게임이 아니다. 불행을 말할 수 있는 용기를 가진 사람이 이기는 게임이다. 고백함으로써 가장 큰 위로를 받는 사람이 이기는 게임이다.

——— 어제 저녁 애초 계획은 메를린, 레베카와 조촐하게 이별식을 하는 것이었다. 그런데 그룹이 점점 커졌다. 웨인이 무릎을 다쳐 레온을 마지막으로 까미노를 떠나는 바람에 이별식에 합류했다. 웨인과 첫날부터 함께 걸어온 데이브와 오리건 주에서 온 론 아저씨도 함께 뭉쳤다. 여기에 화이트 리본 운동을 하는 루카스와 수잔까지, 모두 여덟 명이 불친절한 레온을 안주 삼아 새벽까지 얼큰하게 술을 마셨다.

술 자리란 한국이나 외국이나 비슷한 모양이다. 너무 많이 주문해 술이 남을 것 같았는데, 모두들 술 남기는 꼴은 못 보겠다니 문제였다. 자기가 제일 많이 마셨다고 하는 것도 똑같았다. 공평하게 나누어 더 마시자는 말에 내가 꽁무니를 뺐다.

"난 이제 그만 마실래. 좀 빼줘. 여자라고 문전박대 당하고, 내일부터는 워킹 스틱에 캡도 못 끼운 채 걸어야 하고. 불쌍하잖아."

그러자 메를린이 말했다.

"재희야. 고무 캡 없는 게 뭐가 대수니? 어쨌든 넌 까미노를 이어갈 거잖아. 난 내일 런던 행인데, 따지고 보면 내 처지가 더 안 된 거지."

"무슨 소리야 매를린. 넌 다시 오면 되잖아. 나야말로 카미노는 끝났어. 돌아가면 무릎 수술 할 텐데 어떻게 다시 산티아고까지 걷겠어. 내가 더 한심하다."

웨인이 한탄하자 루카스가 말했다.

"다들 왜 이래. 지금 마지막 브라우니 게임 하는 거야?

브라우니 게임은 영화 〈노팅힐〉에서 나왔던 게임이다. 주인공의 애정이 무르익을 무렵, 사람들은 저녁 식사가 끝나고 마지막 남은 브라우니 한 조각을 놓고 게임을 했다. 자신이 얼마나 불행한지 얘기한 후, 가장 불행한 사람이 가장 맛있는 브라우니를 차지하게 되는 일종의 진실 게임이었다.

세계적으로 유명세를 떨친 영화긴 했지만 여덟 명 모두 그 영화를 알고 있어 신기했다. 매를린은 마지막 장면이 평화로워서 좋았다고 했다. 데이브는 줄리아 로버츠 같은 세계적 배우와 짝이 될 수만 있다면, 얼마든지 코딱지만한 서점을 평생 할 수도 있다고 해서 우리를 웃겼다.
"좋아. 다 말해봐. 제일 불쌍한 사람, 한 사람은 빼주자. 더 안 마셔도 되는 걸로."

대체 이런 걸 왜 하느냐는 사람은 한 명도 없었다. 내일이면 세 사람이나 떠나보내야 한다는 생각에 모두 센티멘털 해졌고, 이미 술이 얼큰하게 취한 상태기도 했다. 지금 와서 생각해보니, 자기의 불행에 대해 쉽게 얘기하게 만드는 것은 까미노의 독특한 힘이었다. 실제 생활에서 자기 얘기를 시작하면, 열에 아홉은 자랑일 가능성이 많다. 자식 자랑, 부모 자랑, 배우자 자랑, 애인 자랑, 돈 자랑은 기본이고, 하다못해 푸념을 가장한 자랑질이 얼마나 많던가. 체면을 차리고 잘난 체하는 사람으로 보이지 않으려고 돌려 돌려 하는 말도 끝까지 들어보면 기승전-자랑인 대화가 대부분이다. 산티아고 길에서는 그런 일은 거의 없다. 직업이나 학력, 재력은 고사하고 미모나 체력 차이마저 아무 소용 없다. 그저 모두 똑같은 부랑아 순례자일 뿐이었다. 그나마 얼마나 꾀죄죄한지, 얼마나 멀리서부터 걷기 시작했는지가 자부심이 되는 정도였다. 대신 자기 치부를 드러내고 상처와 불행을 말하는 사람이 적지 않았는데, 그날 우리도 불행을 놓고 진실 게임을 시작한 것이다.
"웨인 아저씨! 순례를 못한다고 불쌍한 건 아니죠. 전 아저씨가 부러워요. 존경받는 학자고 교수로 정년 퇴직하셨잖아요. 전 지난 몇 년 동안 소설에만 매진했어요. 겨우 완성했는데 관심있는 출판사가 없어요. 게다가 제 통장 잔고는 바닥이고요. 불쌍하기로 치면 저예요."

데이브가 말하자 론이 받아 쳤다.

"데이브! 그래도 넌 젊잖아. 내가 너처럼 젊으면 부러울 게 하나도 없겠다. 난 이혼하고 지난 1년 사이에 몸무게가 40파운드나 늘었어. 너무 뚱뚱해서 이제 여자 친구 사귀기도 힘들 거야. 누가 나랑 섹스하고 싶겠어?"

그쯤 되자 론이 게임에서 승리한 듯했다. 그 때 성큼성큼 빨리 걷고 언제나 자신만만했던 수잔이 끼어들었다.

"론! 설마 네 부인이 너의 절친이랑 바람나서 이혼한 거 아니지? 친 자매나 다름없던 내 베프와 남편이 오랫동안 날 속였어. 그런데 사과는커녕 오히려 나한테 이혼해달래. 어때? 내 것이 더 세지?"

"나쁜 사람들 같으니라고. 이혼해버려. 이혼한다고 불행해지는 건 아니야. 여하튼 이 게임에서 이기는 사람은 나야."

반쯤 혀가 풀린 루카스가 말했다. 루카스는 꽤 잘나가는 기업을 운영한다고 했다. 손녀를 위해 여성 폭력 저항 운동에도 열심이고 매사에 에너지가 넘치는데 뭐가 불행하다는 걸까? 나와 같은 생각이었는지 매릴린이 경고했다.

"루카스. 꾸며대면 안 되는 거야. 이거 진실 게임이야. 거짓말하면 더 불행해지는 저주를 받아. 알지?"

"당연하지. 누가 술 안 마시려고 거짓말로 불행을 꾸며내겠어? 음……. 난 살면서 나쁜 짓을 많이 했고 바보 같은 실수도 했어. 그래서 오래 전에 아내가 떠났고. 하나뿐인 딸은 나를 증오해. 돌이킬 수 있는 방법을 모르겠어. 여기 오기 전까지 불면증이 심해서 약이 없으면 잠을 못 잤어. 너무 외로워. 마음이 사막이야."

테이블에 반쯤 엎어져버린 루카스를 레베카가 뒤에서 안아 주며 말했다.

"루카스. 자책하지 말아요. 우리는 다 실수를 해요. 그래서 모두 슬픔을 안고 사나 봐요. 내겐 아들이 하나 있어요. 그 애 가슴에는 오래 전부터 큰 슬픔이 들어있어요. 그 아이는 내 아픔이지요. 오늘 그 애가 또 자살을 시도했다는 연락을 받았어요. 다행히 늦지 않게 병원으로 옮겼다는군요. 내가 내일 돌아가는 이유는 무릎 때문이 아니에요. 내 아들 때문이에요."

우리 모두 얼어 붙어 꼼짝 않고 앉아 있었다. 레베카의 고백으로 게임도 끝나고 술자리도 끝났다. 모두 레베카를 안아주고, 서로를 안아주면서 눈물을 닦았다. 그녀는 카리온에서 자기를 소개할 때 '가슴에 슬픔을 가지고 있는 아들을 둔 엄마'라고 말했었다. 레베카가 최종 승자가 되었다. 게임에서 이겼다는 말이 우습긴 하지만 그녀가 이긴 것은 맞다. 노팅힐 브라우니 게임은 가장 불행한 사람이 이기는 게임이 아니다. 불행을 말할 수 있는 용기를 가진 사람이 이기는 게임이다. 고백함으로써 가장 큰 위로를 받는 사람이 이기는 게임이다. 조용히 웃던, 용기 있는 레베카가 말했다.

"나만 슬프다고, 내가 제일 불행하다고 생각하지 않아요. 세상에 슬픔 없는 사람이 어디 있겠어요?"

레온을 뒤로하고 떠나는 길은 들어갈 때만큼이나 사납고 황량했다. 까미노에서 제일 좋은 시간은 아침인데 역시나 예외였다. 반짝이고 화려한 도시일수록 아침의 반전은 실망스럽다. 지난 밤의 흔적이 거리를 굴러다닌다. 레온은 부유한 도시다웠다. 아침 일찍 마주친 사람은 레온의 청소부들이었다. 밤새 관광객과 부랑자들이 더럽힌 바닥을 정화하고 있었다. 긴 호스를 연결해서 구석구석 정화수를 뿌리며 물청소를 했다. 불친절한 레온에 실망한 터라 나는 청소하는 것조차 못마땅했다. 밤에 친구들과 브라우니 게임을 하며 멋진 시간을 보낸 것을 제외하고는 이 도시의 좋은 점을 찾지 못했다. 그래도 굳이 꼽으라면, 너츠 앤 칩스 가게에서 팔던 감자칩 정도?

나도 이쯤에서 까미노를 끝내고 싶다는 생각을 하기도 했다. 앞으로 남은 길을 지속하는 건 그냥 걷기의 연장일지도 모른다. 순례라는 것이 뭔지도 알았고, 까미노에서 가장 유서 깊다는 도시도 돌아봤으니, 볼만큼 봤다는 생각도 들었다.

레온을 벗어나니 기분은 나아졌다. 여러모로 레온을 서둘러 떠나온 것은 잘한 결정이었다. 얼떨결에 브라우니 게임을 하지 않았다면, 이 길이 얼마나 간절한 사람들의 기도와 기원을 담아내는 길인지 짐작이나 할 수 있었을까. 다시 걸어야 하는 이유가 생겼다. 더욱 열심히 노란 리본을 걸며 아이들을 생각하고, 이사벨과 애런을 위해 기도해야겠다. 나는 더 힘을 내기로 했다.

산 마르틴San Martin del Camino에 도착해서 와츠앱whatsApp을 켜고 레베카에게 메시지를 보냈다.

"레베카! 힘내요. 이제부터는 내가 당신 대신 걸으면서 당신 아들, 애런을 생각할게요. 조심해서 돌아가요. 부엔 까미노!"

한국 청년이
1만 유로를 되찾은 사연

#27 산 마르틴에서 아스토르가까지, 24.5km

한국 청년이 순례 길에서 1만 유로를 잃어버렸다. 3일 후, 놀랍게도 돈뭉치는 정확하게 청년 앞에 다시 나타났다. 순례자1, 2, 3, 4. 이렇게 네 명이 걷고 뛰고 자전거를 달린 덕분이었다. 까미노가 상업화 돼가고 있는 것은 사실이다. 하지만 까미노에는 아직도 '선의' 역시 꼬리에 꼬리를 물고 이어진다. 까미노는 아직 '순수'가 살아 있는 곳이다.

——— 뒤꿈치가 욱신욱신 쑤신다. 등산화에 발을 구겨 넣고 첫걸음을 떼기까지가 가장 고통스럽다. 하지만 걷다 보면 기분 나쁘게 뜨끈뜨끈하던 뒤꿈치의 감각이 사라지곤 했다. 부르고스가 지나면 육체적 고통이 사라진다는 말은 사실이 아니었다. 다 와 간다는 거짓말에 기대 산꼭대기를 오르는 사람들처럼, 부르고스까지만 가면 모든 육체적 고통이 사라진다고 믿고 싶었던 거다. 이미 열흘 전 부르고스를 지났지만, 뒤꿈치 통증은 매일 조금씩 더 심해졌다. 그래도 까미노를 포기할 수 없는 이유는 날마다 웃음짓게 만드는 작은 이야기들이 때로는 미담으로, 때로는 슬픔으로 마음을 따뜻하게 만들어주기 때문이었다.

"얼마? 현금으로 만 유로를 잃어버려요?"
한화로 천사백만 원쯤 되는 돈이다. 럭셔리 여행을 하는 관광객이 지니고 다니기에도 큰 돈이다. 하물며 산티아고 순례 여행을 하는 사람이 그렇게 많은 돈을 지니고 있었다니.
"저희 넷이 순례 끝나고 유럽 소도시를 여행할 계획이거든요. 제가 총무라 다 가지고 있었어요."
오스피탈 데 오르비고Hospital de Órbigo, 산 마르틴에서 7.5km에서 두 달 여행 경비를 잃어버린 한국 청년들을 만났다. 하긴 신용 카드를 사용할 수 있는 곳이 많지 않아 한 달 동안 걸어서 여행한다 해도 현금은 제법 필요하다. 나만해도 하루 평균 30유로를 쓴다고 계산해서 현금으로 1500유로 정도 가지고 있었다. 순례길 뿐 아니라 유럽은 신용 카드가 통하지 않는 곳이 많다. 산티아고에 이어 네 사람이 유럽 소도시 여행까지 계획했다니 그제야 고개가 끄덕여졌다. 하지만 거금을 잃어버린 사람들이 어떻게 이리도 태평할 수도 있는지, 네 명 모두 타파스를 먹으며 싱글벙글이다. 알고 보니 그들은 돈을 다시 찾게 되었다고 했다. 억세게 운 좋은 청년들이다.
덜렁대지만 운이 좋은 그들을 여기서는 '대박이 일행'이라고 부르겠다. 그날 처음 만났고, 이름이 기억나지 않는다. 사건은 그저께 아침 대박이가 돈다발을 만시야 숙소에 흘리고 떠나면서 시작되었다. 거의 모든 순례자가 떠난 후 늦잠을 자고 일어난 느림보 '순례자1'이 돈뭉치를 발견했다. 그는 돈을 주운 자리 바로 옆 침대를 썼던 '순례자2'가 흘렸을 거라 생각했다. '순례자1'은 부지런히 따라가 '순례자2'에게 돈을 전달했다. '순례자 2'는 자기 돈이 아니라고 말했다. 둘은 고민하다가 돈 주인이 만시야로 찾으러 올 것이라고 생각했다. 그래서 역방향으로 걷고 있는 '순례자3'에게 돈을 다시 만시야로 가져다 줄 것을 부탁했다. '순례자 3'에 의해 돈뭉치는 다시 만시야로 돌아갔다. 그러는 사이 순례자들 사이에서는 주인을 찾는 1만유로 소문이 널리 퍼졌다. 이틀 동안 주인은 나타나지 않았고, 대박이 일행은 오늘에서야 그 소문을 들었다.
"처음엔 설마 했어요. 혹시나 해서 배낭을 뒤졌더니 돈이 없는 거예요. 글쎄."
"아니, 삼일 동안 돈이 없어진 것도 몰랐어요?"
"며칠 쓸 돈은 따로 가지고 다녔죠."
"얘 때문에 정말……. 우리 모두 식겁했어요."
스페인어를 하는 호주 순례자가 만시야의 호스피탈레로에게 대신 전화를 걸어줬다. 현금을 넣은 파우치는 형광색이며 100유로짜리 지폐 다발이 비닐에 싸여 있고 지출을 기록한 쪽지가 있음을 확인했다.
"다시 만시야로 돌아가야 하나 고민하고 있는데, 다행히 자전거 순례자가 있어 그분 편에 보내주시겠다고 했어요."
"큰 돈인데 누군지도 모르는 사람한테 부탁했단 말이에요?"
대박이 일행은 뭘 그런 걱정을 하냐는 투다. 하긴 삼일 동안 '순례자 1, 2, 3'이 그랬던 것처럼 '순례자4'는 아스토르가Astorga, 오스피탈 데 오르비고에서 15.3km를 지나는 길에 알베르게에 돈을 맡겨 줄 것이다. 그들은 어안이 벙벙하다면서도 기분 좋아했다. 나도 전염이 된 건지 덩달아 으쓱해졌다.

까미노를 미화하고 싶은 마음은 눈곱만큼도 없다. 그럼에도 불구하고 이름이 쓰여있는 것도 아닌 현금 천사백만 원이 사흘 동안 익명의 순례자들 사이를 돌고 돌아 주인에게 전달된 얘기는 아름다웠다.

까미노는 순례라는 말이 무색할 정도로 자본주의에 점령당하고 있었다. 마을이나 성당, 조그만 돌다리에도 갖가지 전설이 흘러 넘치는 것이 유치해서, 영악한 장삿속이라며 혀를 찼다. 하지만 까미노에는 의심할 필요 없는 확실한 '선의' 역시 꼬리에 꼬리를 물고 이어진다. 잃어버린 1만 유로가 돌고 돌아 주인에게 돌아가는 것처럼 말이다. 두서 없고 엉성한 방식으로만 증명할 수 있는 순수가 아직 이곳에 살고 있었다.

아스토르가를 한 눈에 볼 수 있는 산후스토SanJusto 언덕 꼭대기에 흙집을 짓고 사는 회색 눈동자의 집시 여인이 있었다. 평평하고 너른 산후스토 언덕은 미국 서부 영화에서 본 황야를 연상시켰다. 집 주변은 흙바람 속에 마른 풀이 굴러다녔고 지붕은 대충 나뭇가지와 펄럭이는 천 쪼가리로 덮어 만들었다. 지붕 아래 장총을 든 남자가 살 것 같은 분위기였지만, 그곳은 그녀의 집이었다. 흙집 주변에는 나스카의 문양을 연상시키는 돌 정원이 있고, 그 옆에는 순례자들이 절대 지나칠 수 없는 자율 가격 매점 키오스크가 있었다. 커피와 차, 케이크, 과자, 과일이 수북이 쌓여 있는 무인 매점이었는데, 가격표는 없었다. 하지만 테이블에는 순례자들이 절대 놓치지 못하는 스탬프 찬스가 준비되어 있고, 돈을 넣을 수 있는 나무상자도 있었다. 순례자들은 이곳에서 무료로 마음껏 음료와 바나나를 먹으며 감동받고, 하트 문양의 스탬프까지 찍고 나면 감사한 마음을 주체할 수 없게 된다. 결국 실제 가격보다 훨씬 후한 돈을 스스로 캐시 박스에 넣는다. 이것이 집시 여인의 의도이든 아니든 나는 기꺼이 그렇게 했다. 순례자들은 어차피 감동을 원하는 사람들이 아닌가? 어떻게든 감격하고 감사할 것에 굶주린 사람들에게 따뜻한 마음을 선사했으니 그것으로 충분했다.

아스토르가는 과연 레온의 무자비함을 보상해주는 곳이었다. 상상할 수 있는 이상적인 까미노 마을이 있다면, 아스토르가가 그런 곳이다. 돌 바닥은 반들반들했고, 경사진 골목 곳곳에는 아름답기 그지없는 종탑이 서 있었다. 거리의 식당에서는 병아리콩 스프가 끓고, 빵 굽는 냄새도 고소하게 퍼져 나왔다. 그때 성 프란치스코의 전설이 담긴 수도원이 특별할 것 없다는 듯 무심하게 불쑥 나타났다. 아스토르가는 유서 깊은 건축물이 가득한 박물관 같은 곳이다. 가우디가 설계한 까미노 박물관과 산타마리아 대성당, 에스파냐 광장, 도시의 상징인 쌍둥이 탑, 로마시대 성벽 등이 있다. 단체 관광 여행객보다는 예의를 갖춘 개인 방문객이 많은 편이다. 게다가 내가 필요한 모든 것이 다 있었다. 불친절한 레온에서 구하지 못한 워킹 스틱 고무 캡! 세상에 이렇게나 많은 종류의 고무 캡이 있다는 사실에 놀라며 세 개를 골랐다. 아스토르가에서만 맛볼 수 있는 초콜릿 디저트와 버터 과자 만테카다Mantecadas도 질리도록 먹었다. 품위 있는 옛 도시 아스토르가! 순례 중 만난 마을 가운데 최고였다. 나는 매력적인 이 도시에서 하루 더 머무르기로 마음먹었다.

너의 화살표는 무엇이냐?

#28 아스토르가에서 라바날까지, 23.5km

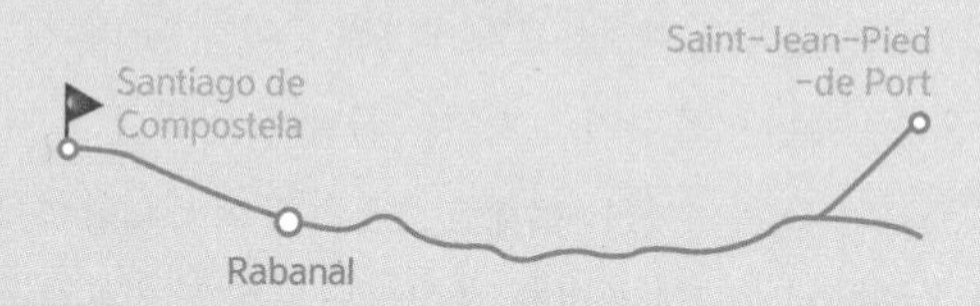

망연히 서있는데 조금 떨어진 곳에 돌이 몇 개 놓여있다. 가까이 가서 보니 돌무더기가 화살표 모양으로 놓여 있다. 누군가 무거운 돌을 옮겨와 표식을 남긴 것이다. 그 수고에 잠시 가슴이 뭉클해진다. 그가 이끌어 주는 길을 걸으며 문득 이런 질문이 떠올랐다.
"너의 화살표는 무엇이냐?"

———— "고통이 사라지는 건 아니고, 그냥 익숙해지는 것 같아."
"그러게. 나도 당연히 아프려니 그런다니까. 아프면 약 먹고 그러면서 다시 걷고."
"자기 전에 매일 한 알씩, 비타민 먹듯 진통제를 먹게 될 줄 누가 알았겠어."
바바라, 루시와 함께 아침으로 카페 콘레체를 마시며 약국이 열리기를 기다렸다. 부르고스에서 끝난다는 육체적 고통은 나에게만 남아있는 것이 아니었다. 약국에서 이부프로펜 겔 50mg, 발뒤꿈치와 발목을 감을 압박 붕대, 먹는 소염 진통제를 샀다.
소나기로 더 깨끗해진 아스트로가의 아침은 화창했다. 커다란 배낭을 멘 순례자 무리가 성큼성큼 에스파냐 광장에 나타났다. 사람들은 내가 하루를 더 쉬어가려던 아스트로가를 떠날 준비를 하고 있었다. 그때 알 수 없는 힘이 내 의지와 상관없이 나를 번쩍 들어 올렸다. 품격 있는 스파 호텔에서 하루 푹 쉴 생각이었건만, 정신을 차리고 보니 어느새 길을 걷고 있었다.
사람들이 말했던 그 병에 걸린 건가? 까미노 병에 걸리고 나면 편안함 따위가 시시해져 버린다. 설령 매력 넘치는 도시 아스트로가라 해도 길을 걷는 동안 느끼는 희열을 안겨주지 못한다. 무엇 때문에 내일까지 기다려야 하냐며 부지불식간에 순례길로 들어와버렸다. 찢어지듯 아픈 뒤꿈치를 달래가며 이부프로펜을 복용해야 잠들 수 있는 고통의 연속이었다. 그런데 고통의 댓가로 얻는 하루하루가 그 무엇으로도 대신할 수 없는 기쁨을 선사하고 있었다. 언젠가 이 여정도 끝날 거라는 생각을 하면 아쉬워 어쩔 줄을 몰랐다. '아껴서 걸어야지. 이제 얼마 안 남았어.' 나는 영락없는 까미노 중독자가 되어 버렸다.

까미노에는 화살표가 지천이다. 건물 담벼락, 오래된 돌기둥, 전봇대, 가로수 그 어디든 자리만 있으면 노란 화살표가 그려져 있었다. 화살표 덕분에 까미노에서는 길을 찾기보다 길을 잃기가 더 힘들다. 화살표는 커피와 점심을 먹을 수 있는 바Bar로, 해우를 할 수 있는 화장실로 나를 인도해주었다. 내가 제대로 걷고 있다는 응원의 표식이기도 했다. 누가 맨 처음 이곳에 화살표를 그렸을까? 그가 걸으며 남겼던 화살표를 따라 많은 사람들이 걸었다. 최초의 화살표 위에 수많은 사람이 새로운 화살표를 더했다. 나는 노란 화살표가 이끌어 가는 방향으로 계속해서 걸었다.
숲을 빠져 나왔더니 길은 사라지고 온통 황토 밭이다. 망연히 서있는데 조금 떨어진 곳에 2시 방향으로 돌이 몇 개 놓여있었다. 가까이 가서 보니 돌무더기가 화살표 모양으로 놓여 있다. 누군가 어디선가 낑낑거리며 무거운 돌을 옮겨와 표식을 남긴 것이다. 그 수고에 잠시 가슴이 뭉클해진다. 뒤에 오는 사람을 위해 길을 표시해둔 사람. 그가 이끌어 주는 길을 걸으며 삶도 마찬가지라는 생각을 했다. 우리는 앞서 걸었던 사람이 남겨둔 조가비와 화살표에 기대어 길을 걷고 삶을 이어간다.

"너의 화살표는 무엇이냐?"
비탈이 심한 황토 길에서 이런 음성을 들은 것도 같고, 어쩌면 내 속에서 만들어진 소리 같기도 했다. 나의 화살표는 무엇일까? 나를 위해서가 아니라 타인을 위해 화살표를 그린 적이 있었나? 나 스스로 새로운 길을 찾고, 그 길을 걷게 될 다른 사람을 위해 나는 어떤 화살표를 그릴 수 있을까? 어느 날 나를 까미노로 떠민, 막연했지만 강렬한 충동은 어쩌면 화살표를 찾으라는 뜻이었을지도 모른다. 그 날부터 화두는 노란 화살표가 되었다.

아스트로가에서 라바날Ravanal del Camino까지는 오르막이다. 황량했던 메세타는 마침내 모두 끝났고, 허리까지 눈 덮인 거대한 산맥이 나타났다. 이제 철의 십자가까지도 얼마 남지 않았다. 폰세바돈Foncebadón은 아름답고도 험준한 봉우리가 이어진 이 산맥 어딘가에 있다. 이 마을에서 조금만 더 가면 철의 십자가가 나온다고 했다. 철의 십자가는 해발 1485m지점에 세워져 있다. 털진달래가 만개했던 한라산의 1400m 고지보다 높은 곳이다. 거기까지 눈길을 걸어가야 할 생각을 하니 두려우면서도 가슴이 설렜다.

로마시대 성벽을 나란히 마주보고 있는 눈 덮인 산을 따라 햇살을 받으며 걸었다. 생장에서 출발하고 25일만이다. 오늘에서야 겨우 비바람을 막아주는 고기능성 고어텍스 자켓을 벗었다. 판초 우의도 벗고 방풍 방수 자켓까지 벗으니 갑옷이라도 벗어 버린 듯 몸이 가벼웠다.

“갑자기 너무 따뜻해지니 적응이 안되네.”

“환상적이에요. 눈 덮인 산, 따스한 햇볕, 동화처럼 예쁜 마을까지. 꼭 꿈꾸는 것 같아요.”

미소 띤 루시 얼굴에 화사한 빛이 감돌았다. 진작 눈치 챘었다. 그녀에게 날씨와 풍광보다 더 꿈꾸는 듯한 달콤함을 안겨주는 것은 옆에 있는 소설가 지망생 영국 청년 데이브였다. 템플라리오스에서 루시는 데이브 얘기를 자주했다. 카리온부터 지켜봤다고. 할아버지 뻘 웨인을 대하는 태도를 보니, 예의 바른 청년이라고. 굳이 데이브가 훤칠하고 잘생긴 남자라는 말을 하지는 않았지만, 누가 봐도 데이브는 호감형 외모였다. 루시는 데이브가 서있는 쪽으로 왼편 어깨를 기울이며 연신 머리카락을 만지작거렸다.

세상에는 숨길 수 없는 것이 세 가지 있다. 재채기, 중년 이후의 궁핍함, 그리고 사랑. 재채기는 말할 필요가 없고, 가난이 젊은 시절과 중년 이후에 다르게 작용하여 감출 수 없는 그 무엇이 된다는 시각이 꽤 예리하다고 생각했었다. 사랑은 글쎄다 했는데, 이제 보니 맞는 말이다. 아직 연정까지 진도가 나가진 않았지만 둘 사이 핑크 빛 분위기가 햇살에 만발하고 있었다.

스피링 피버Spring fever, 봄날의 열병이란 것이 정말 있나 보다. 봄 기운이 남녀 사이의 화학 작용에 영향을 미치는 걸까. 얼마 전부터 심상치 않은 핑크 빛 무드가 하나 더 눈에 띄었는데, 독일에서 온 브로크업 한스와 미국에서 온 변호사 케이트였다. 정확하게 말하면 케이트의 마음은 아직 잘 모르겠다. 그러나 한스는 붉은 갈색 머리가 매력적인 그녀에게 분명 연정을 품고 있었다.
한스는 까미노에서 꽤 유명하다. 거의 모든 사람이 한스를 안다. 말이 아주 많은 편으로, 길에서 만나는 사람들을 불러 세워 인사했다. 마치 선거 유세하는 정치인처럼 최대한 많은 사람을 만나려 했고, 적극적으로 자기 사연을 알렸다. 8년간 함께 살며 너무나도 사랑했던 여인이 자기를 떠나버렸다는 얘기였다. 갑작스러운 실연에 죽고 싶었다고. 절망적이라면서도 한스는 보카디요 샌드위치를 맛있게 먹고, 스프를 후루룩 들이키며 최고라는 코멘트를 잊지 않는 신기한 캐릭터였다. 한스는 케이트를 바라볼 때면 언제나 노골적으로 하트를 발사했다.
"우리 아빠는 평생 여러 명의 여자를 전전했어. 정말 지겨울 정도였지. 그 중에는 나보다 더 어린 애도 있었고. 남자라면 지긋지긋해. 누구도 믿을 수 없어."
케이트와 와인을 몇 잔 마셨던 날 그녀는 이렇게 말하고 테이블에 고꾸라져 버렸다. 그녀가 생을 끝내고 싶은 마음을 이겨보려고 까미노를 찾아온 한스를 구해줄 수 있을지는 잘 모르겠다.
산속에서 고도가 높아지며 날은 점점 싸늘해졌다. 하나, 둘 다시 옷을 꺼내 겹쳐 입고 털모자를 썼다. 4월말에 스페인에서 코끝이 얼어버릴 듯한 추위를 느끼게 될 줄이야. 사랑에 빠진 커플이 앞서 걷는 동안, 나를 안달 나게 하는 것이 있긴 있었다. 뜨거운 우유에 진하게 내린 홍차 한 잔. 봄 기운에 격렬하게 뒤집힐 호르몬 따위는 고갈되어버린 아줌마에게는 심장보다 위장이 더 간절했다. 라바날에 도착하면 세상에서 제일 맛있는 잉글리시 블랙 티를 마실 수 있다고 했다. 밀크티를 생각하며 힘을 냈다. 과연 라바날 세인트제임스 수도원 알베르게에서 마신 달콤한 블랙 밀크티는 온 몸을 뜨겁게 녹여주었다.

나는 나에게
손을 내밀었다

#29 라바날에서 엘 아세보까지, 17km

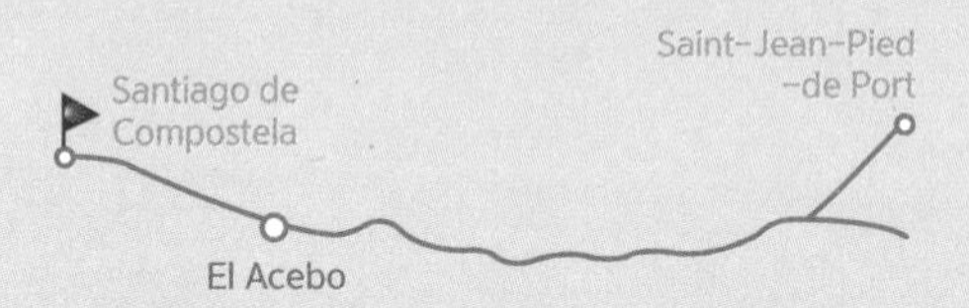

철의 십자가는 고향에서 가져온 돌을 내려놓고, 마음의 짐과 슬픔에서 자유로워지는 곳이다. 나는 내가 내려놓고 싶은 아픔이 무엇일까 생각해보았다. 철의 십자가 돌무덤에서 떠오르지 않던 아픔을 혼자 산길을 걷다가 불현듯 만났다. 꽁꽁 숨겨뒀던 '나'였다. 잘난 척 하는 나, 착한 척 하는 나, 너그러운 척하는 나, 귀신같이 핑계를 찾아 책임을 회피하는 나 그리고 겁 많고 용기 없는 약해빠진 나를 만났다. 무겁게 짓누르던 내 안의 돌멩이는 바로 나였다.

——— 성호르몬이 감소 모드에 접어든 순례자들은 자정 무렵 술자리에서 나와 침낭으로 들어갔다. 별이 쏟아지네, 너무 춥네 하며 정원을 소란하게 했던 스프링 피버 4인조가 알베르게로 들어온 것은 그로부터 한 두 시간 후였던 것 같다. 그들이 들어온 후 곧바로 루시의 기습이 시작되었다.
해도 해도 정말 너무 하는군. 데시벨이 너무 높았다. 이어폰으로 귀를 막고 베개 두 개를 겹쳐 덮어가며 저항해봐야 소용 없었다. 루시의 배반, 혹은 반란이다. 상큼 발랄하고 민첩한 몸매의 젊은 아가씨가 어떻게 이런 소리를 낼 수 있는지! 그녀는 비강을 맹렬한 기세로 울려대며 승전나팔을 불었다.
나는 구제하기 어려운 고질적인 수면 장애를 갖고 있다. 잠자리가 바뀐 날, 신경에 날이 선 날은 쉽게 잠들지 못한다. '브르륵' 울리는 스마트폰 진동 소리에도 홀랑 잠에서 깨곤 한다. 둥실둥실 성격 좋은 몸매를 자랑하고 있으니 베개에 머리만 대면 잠드는 체질이어야 일관성이 있으련만, 내 수면 장애는 생김새와 무관하게 태생적인 것이었다. 까미노에서는 하루 평균 25km를 걷는 강행군 덕에 기절하듯 잠드는 축복을 맛보기도 했다. 하지만 중간에 잠이 깨면 다시 잠들지 못했다. 루시는 코골이에 상상을 초월하는 잠꼬대까지 더해 현란한 퍼포먼스를 선보였다.
그녀의 잠꼬대가 절정을 달했을 때 시계를 보니 새벽 3시였다. 잠을 다시 청하기엔 이미 늦었고, 잠을 포기하기엔 너무 이른 시간이었다. 자는 둥 마는 둥 밤을 꼬박 새우고 아침을 맞았다. 오늘은 철의 십자가Cruze de Ferro를 지나는 날이다.

평생 그렇게 짙은 안개는 처음이었다. 한 발 앞도 보이지 않았다. 완전한 고립을 느꼈다. 천천히 안개를 헤치며 걸었다. 안개 속을 걸으며 영혼은 맑아졌다. 그곳은 꿈 속 같았다. 꿈길을 상상하며 걷고 있는데, 철의 십자가까지 2km 남았다는 표식이 보였다. 폰세바돈Foncebadón 마을이었다.

"안녕, 동키~. 무서워하지 마. 네가 예뻐서 그러는 거야."
휴대폰 카메라로 짙은 안개 속에서 날 보고 있던 당나귀를 찍으면서 말을 건넸다. 그즈음 나는 당나귀, 말, 염소, 양 같은 동물에게, 사람한테 말을 걸 듯이 대화를 시도하는 증세가 있었다. 심지어 카스티야의 한 농가에서 키우던 거위가 너무 시끄럽게 굴어 엄한 충고로 다스려 조용하게 만든 적도 있다. 그날도 안개 속에서 만난 아기 당나귀에게 말 걸기 취미가 발동했다.
"아직 아가로구나. 너 참 예쁘다."
"안녕! 나를 만져도 괜찮아."
깜짝 놀라서 주저앉을 뻔했다. 나는 분명히 당나귀 마음을 알아 들었다. 말보다 더 확실한 그 무언가로 당나귀와 소통했다. 넋이 나간 얼굴을 하고 있는데, 꼬마 당나귀가 더 가까이 다가왔다. 당나귀를 쓰다듬어 보았다. 꼬마는 내게 이마와 콧등을 허락했다. 뜨거운 감정이 차올라 고양이에게 하듯 입맞춤을 하려는 찰나였다.
"재희야 안돼! 조심해. 당나귀는 보기보다 사납다고. 위험해. 당장 떨어져."
한스의 다급한 경고에 나도 놀라고 아기 당나귀도 놀라 뒷걸음쳤다. 한스는 여러모로 나와 맞지 않는다.

철의 십자가는 고향에서 가져온 돌을 내려놓고, 마음의 짐과 슬픔에서 자유로워지는 곳이다. 생장부터 사람들은 철의 십자가에 대해 말했다. 그들의 얘기를 들으며 내가 내려놓고 싶은 아픔이 무엇일까 생각해보았다. 하지만 '바로 이거야'라고 단정짓기 어려웠다. 대체 '나'라는 사람은 뭔가. 꿈도 불확실하고, 아픔도 불확실하고, 왜 벗을 짐 하나도 제대로 정하지 못하는 건지 한심했다. 궁리해봐야 답이 나올 것 같지 않아 서울에서 가져온 노란 리본과 까미노에서 챙긴 돌 몇 개를 내려놓기로 마음을 정했다. 나도 모르게 지은 죄들, 떨칠 수 없는 수많은 욕심들, 그리고 쓸데없는 걱정을 돌에 담았다. 어찌할 수 없는 슬픔은 노란 리본에 담았다.

크루즈 데 페로철의 십자가 주변에는 순례자들이 남겨놓고 간 돌들이 쌓여 작은 언덕을 이루고 있었다. 간혹 언덕을 향해 그냥 돌을 던져놓고 지나가는 사람도 있다. 하지만 순례자 대부분은 십자가 돌 언덕 위로 올라가 십자가 바로 아래 제일 높은 곳에 자기 돌을 놓고 싶어 했다. 제일 먼저 한스가 올라갔다. 다음은 데이브와 케이트, 루시가 차례로 돌무덤 위로 올라갔다.

가져온 돌을 내려놓는 행위에 순례자들은 큰 의미를 부여한다. 그 순간을 방해하지 않으려고 순례자들은 돌 언덕 아래에서 자기 순서를 기다린다. 케이트는 십자가에 머리를 대고 기도하는 듯 한동안 서있었다. 내 차례가 되어 올라가면서도 난 이 행위가 어떤 의미가 있는지 확신하기 어려웠다. 십자가 아래 돌을 내려놓을 만한 곳을 찾으려 돌아보니 많은 돌에 누군가의 이름이 적혀 있었다. 기도문이나 쪽지 편지를 감아놓은 돌도 있고, 보석함 같은 작은 상자도 있었다. 코팅된 가족 사진 하나가 눈에 들어왔다. 너 댓 살쯤 된, 양배추 인형처럼 귀여운 곱슬머리 여자 아이를 젊은 부부가 안고 있는 사진이었다. 햇살처럼 웃고 있는 아이의 얼굴에 주근깨가 가득했다. 이렇게 예쁜 가족 사진이 무슨 사연으로 이곳에 놓이게 되었는지 마음이 아파왔다. 순간 주체할 수 없이 눈물이 쏟아졌다. 수많은 슬픔과 아픔들, 그걸 여기까지 안고 와야 했던 사람들의 마음이 고스란히 내게 전해지는 듯했다. 갑작스레 터진 눈물을 어쩌지 못하고 쩔쩔매다, 내가 내려오기를 기다리는 순례자들을 보고서야 허둥지둥 내려왔다. 정작 나의 돌과 리본을 어디에, 어떤 마음으로 놓았는지 기억이 나지 않았다.

“재희야, 왜 울었어?”
케이트가 물었다.

"글쎄. 너무 복합적이야. 설명할 수가 없어."
"이해해. 나도 아빠에 대한 마음이 너무 힘들어서 그걸 내려놓고 싶었는데, 마음이 복잡해."
"그래 보이더라. 아까 십자가에 머리를 대고 있는 거 봤어."
"너 내가 가져온 돌 너무 크다고 놀렸지. 돌 챙겨 넣으면서 무거워도 참았어. 왠지 너무 가벼운 돌이면 짐을 다 벗는 느낌이 아닐 거 같았거든."
"이제 가벼워졌어?"
"그러길 바라는 거지. 일단 무겁던 돌은 없어졌잖아."
"뭐가 그리 복잡한데?"
"그게 말이야. 돌을 던지고 보니까 미움이 아니라 사랑이더라고. 아닌 척하느라 힘들었나 봐. "
심란하다며 한스는 십자가 근처에 혼자 있겠다고 했다. 데이브와 루시는 보이지 않았다. 나는 천천히 혼자 걷고 싶었다. 혼자 산길을 걸으며 나를 만났다. 꽁꽁 숨겨뒀던 '나'였다. 잘난 척하는 나, 착한 척하는 나, 인색하고 꽉 막힌 주제에 너그러운 척하는 나, 멋진 척 하는 나, 강한 척 하는 나, 귀신같이 핑계를 찾아 책임을 회피하는 나 그리고 겁 많고 용기 없는 약해빠진 나를 만났다. 그런 내가 싫어 고개를 저으며 눈물을 찔끔거렸다. 하지만 그들은 모두 나였다. 아닌 척 하느라 힘들었던 거라는 케이트의 고백처럼, 아닌 척 했지만 무겁게 짓누르던 내 안의 돌멩이는 나였다. 뻔뻔하게 다시 외면하지 말자. 지금이 아니면 또 언제일지 모르겠다는 생각이 들어 나는 다시 나에게 손을 내밀었다.
"그래 같이 가자. 내가 손을 잡지 않는다면 누가 잡아주겠어."

『다빈치 코드』의 템플기사단을 만나다

#30 엘 아세보에서 캄포나라야까지, 26km

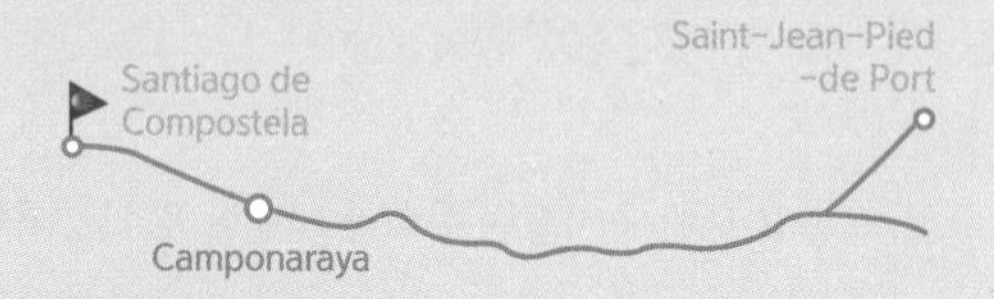

과연 매혹적이었다. 마법, 비밀, 신비주의, 아직도 밝혀지지 않은 보물의 정체와 비종교적인 이단의 흔적까지, 템플기사단 성채는 옛날 얘기 좋아하는 나에겐 딱 맞는 곳이었다. 방어용 망루나 맹서의 탑까지, 당장 하얀 망토의 기사들이 나타난다 해도 이상할 것 없는 분위기였다. 중세로 시간이 옮겨간 듯했다.

——— 마음이 좀 가벼워지자 그제야 까미노에서 가장 아름답다는 산길이 눈에 들어왔다. 크루즈 데 페로철의 십자가에서 만하린Manjarín, 철의 십자가에서 2.3km까지 가장 높은 능선에 놓여 있는 길이다. 달리기 시합이라도 하는 듯 뭉게구름이 빠르게 흘러갔다. 그 아래로 머리에 잔뜩 눈을 덮어 쓴 산이 겹겹이 펼쳐져 있다. 몰리나세카Molinaseca, 만하린에서 15.2km까지 내려가는 길은 순례자 열 명 중 아홉 명이 최고로 꼽는 길이다. 이대로 걸어 몰리나세카까지 가야겠다고 들떠 있었는데, 엘 아세보El Acebo de San Miguel에서 걸음을 멈춰야 했다. 데이브가 쓰러졌다.

데이브는 스웨터로 몸을 감싼 채 떨고 있었다. 숨도 제대로 쉬지 못했고, 여러 차례 토하기까지 했다. 루시는 잔뜩 겁을 먹은 표정이었고 한스가 데이브 어깨를 다독이며 말했다.

"모두 여기 있을 필요 없어. 내가 오늘 데이브랑 여기서 쉴 테니 너희는 다시 출발해."

"무슨 소리야. 내 스페인어가 제일 낫잖아. 내가 남아서 도울게. 루시는 나랑 이 동네 의사나 약국이 있나 찾아보자. 재희는 여기서 좀 돌봐 줘."

판단이 빠른 케이트가 상황을 정리했다. 케이트는 급한 일이 생기면 언제나 기분 나쁘지 않게 필요한 지시를 내리는 법을 잘 알고 있다. 그녀는 루시와 함께 마을을 뒤져 의사를 찾아왔다. 정확하게는 의사라기보다 민간 요법을 하며 약국을 운영하는 아주머니 허브테라피스트였다.

"어제 과음한데다 더위 먹은 것 같아요. 일시적으로 쇼크 증세가 일어난 거예요."

일사병Sun Stroke에 어젯밤 늦게까지 와인을 많이 마셔 숙취까지 겹친 것이다. 폰세바돈에서 안개가 걷히고 햇볕이 쏟아지자, 데이브는 민소매 티셔츠에 반바지만 입고 걸었다. 햇볕을 모두 흡수하겠다는 듯 모자도 벗고 걷는 데이브를 보며, 영국 사람들 일광욕 좋아하는 건 못 말린다고 놀렸는데, 일사병에 걸리다니.

"물 많이 마시고 시원한 곳에서 푹 쉬면 좋아져요. 찬물 말고 따뜻한 허브 티를 많이 마셔요."
천만 다행이다. 우리는 마을 아래 쪽에 막 오픈한 호스텔에 자리를 잡았다.

"오늘 너무 운이 좋다. 다 내 덕인 줄 알아. 내가 이 마을에서 쉬자고 했잖아."
"그게 왜 네 덕이야. 데이브가 병이 나서 이렇게 된 거지."
"굳이 따지면 나랑 루시 덕 아닌가? 우리가 허브테라피스트를 이곳에서 찾아냈잖아."
"그러지들 마. 나 때문에 몰리나세카까지 못 가고 중간에 멈췄잖아. 미안해 죽겠어."
데이브가 아직 창백한 얼굴로 말했다.
5성급 호텔처럼 수영장, 널찍한 정원을 갖춘 깨끗한 호스텔이었다. 몰리나세카와 폰페라다Ponferrada까지 훤히 보이는 멋진 전망을 가진 방을 배정받았다. 요금은 겨우 1인당 10유로였다. 전면 통 유리창 식당에서 느긋하게 떠들며 저녁을 먹었다. 네 덕이니 내 탓이니 하며 다시 왁자지껄 떠들 수 있다는 건 데이브가 다 나았다는 뜻이다. 다행이었다
"무슨 소리야 데이브. 우리가 모두 운 좋은 사람들인 거지. 아직 가이드북에도 없는 이런 멋진 곳이 겨우 10유로라니. 정말 운이 좋았어."
"맞아. 그러려고 데이브가 잠깐 병이 나주고. 지금 언제 그랬냐는 듯 말짱한 거 봐."
촉촉하던 하늘에 불지른 듯 노을이 그날의 클라이막스를 연출했다. 석양 위로 비행기가 날고 있었다. 우린 행복했다.

다시 아침이 찾아왔다. 몰리나세카까지 가는 길은 천상의 화원이라는 표현을 떠

올리게 했다. 새 소리가 들리고, 아침 이슬에 반짝이며 몸을 흔드는 꽃과 풀잎이 너무 아름다웠다. 천국으로 가는 길목에 있는 화원을 구경하고 있는 느낌이었다. 몰리나세카에서 폰페라다로 가는 길에서는 양떼를 세 번이나 만났다. 드넓은 초원이 펼쳐진, 목동을 만났던 이 길은 그날 이후에도 잊혀지지 않고 종종 리플레이 되었다. 수백 마리 양떼를 몰고 가던 여자 목동이 기분 좋은 인사를 건네기도 했다.
"올라~. 부에노디아즈~."

어느 새 눈 덮인 산맥이 훌쩍 멀어졌다. 폰페라다는 13세기에 지어진 템플기사단의 성채가 있는 도시이다. 템플기사단을 생각하면 하얀 망토에 붉은 십자가와 황금 투구가 떠오른다. 비밀과 신비로 가득한 템플기사단에 매혹된 것은 역사보다는 댄 브라운의 소설 『다빈치 코드』를 읽고 난 뒤였다. 성채를 빨리 둘러보고 싶어 마음이 급해졌다. 성벽에 압도되어 넋을 놓고 있을 때 다시 루시와 케이트를 만났다.
"가봤더니 닫혀 있었어. 관람은 4시부터래."
케이트의 말을 듣고 나는 푸념하듯 말했다.
"점심도 안 먹고 바쁘게 왔는데 그때까지 기다리라고?"
"뭐가 급해? 점심 먹으면서 쉬자. 여기 소시지랑 소고기가 맛있대."
식당에는 데이브와 론 아저씨가 기다리고 있었다. 비에르소Bierzo 지방은 온화한 기후라 농산물이 풍부한 지역이다. 그래서 폰페라다는 다양한 음식이 있고, 맛도 좋기로 유명하다.
'페르난도 2세1452~1516, 카스티야의 왕, 이사벨 여왕의 남편는 로마시대 이전부터 사람들이 살았던 폰페라다의 거주지 일대를 템플기사단에 헌정했다.'

케이트가 가이드북에서 폰페라다 관련 정보를 읽어줬다. 순례자를 지키기 위해 성까지 짓고 군대를 조직해 훈련했다는 역사는 지금으로서는 신비가 넘치는 옛날 얘기로만 들렸다. 그녀의 목소리에 귀 기울이며 따스하고 평화로운 마을에서 잘 구운 양고기로 모처럼 긴 점심 식사를 했다. 사과 파이, 고추 야채 구이에 소시지, 양고기, 소고기까지 골고루 많이도 먹었다.

성채 관람은 과연 매혹적이었다. 마법, 비밀, 신비주의, 아직도 밝혀지지 않은 보물의 정체와 비종교적인 이단의 흔적까지, 템플기사단 성은 옛날 얘기를 좋아하는 나 같은 사람에게 딱 맞는 곳이었다. 8000㎡가 넘는 성채는 놀라울 만큼 보존 상태가 좋았다. 방어용 망루나 맹서의 탑까지, 당장 하얀 망토의 기사들이 나타난다 해도 이상할 것 없는 분위기였다. 중세로 시간이 옮겨간 듯했다.

"난 더 갈래. 오늘 밤 모두 즐겁게 보내~."
"6시가 넘었어. 여기서 함께 쉬자. 론 아저씨도 오랜만에 만났으니 한잔 해야지."
폰페라다에서 쉬자는 친구들을 마다하고 혼자 출발했다. 중세로 들어가 신비와 마법으로 가득 채운 마음을 흐트러뜨리고 싶지 않았다. 함께일 때 기운이 솟는 좋은 친구들이지만, 며칠 연이어 같은 숙소에서 머물며 너무 많이 마시고 너무 많이 웃었다. 혼자 지내야 할 시간이 필요했다. 평소보다 시간이 좀 늦기는 했다. 게다가 성을 구경하려고 오르락 내리락 하느라 몸은 지쳐 있었다. 한 시간만 가면 다음 마을이니까 거기서 쉬면 된다고 생각했다.

마을에 도착하고 보니 방이 없었다. 아니 숙소가 없다. 알베르게는커녕 호스텔도 없었다. 마을이라고 모두 순례자가 머물 숙소가 있는 게 아니란 걸 순례길 접어든지 4주가 다 되어서야 알게 되다니. 그냥 친구들과 쉴 걸. 후회가 밀려왔다. 스페인어도 못하고 변변한 가이드북도 없는 처지에 고집을 부리다가 이 지경이 되었다. 다리가 후들거렸지만, 다시 걷는 것 말고 다른 방법은 없었다. 엉뚱한 길로 빠져 헤매기까지 하면서 겨우 겨우 캄포나라야Camponaraya에 도착한 시간은 밤 9시였다.

캄포나라야는 딱히 유명한 것이라고는 없는 마을이다. 순례자 대부분이 지나는 마을인데, 다행스럽게 자전거 순례자들이 머무는 숙소가 하나 열려 있었다. 내가 들어서자 직원은 시계를 보더니 문을 걸어 잠갔다. 겨우 노숙은 피했지만 숙소의 식당은 이미 문을 닫은 상태였다. 배낭엔 먹을 것은커녕 물도 없다. 배가 고파 죽을 것 같았다. 무언가 먹을 방법이 없냐고 물었는데 호스피탈레로는 엄중한 얼굴로 취침 시간이 지났으니 조용히 하란다. 꿈 같은 하루를 꼬르락 소리로 마감해야 했다.

빨리 가려면 혼자 가고, 오래 가려면 함께 가라!

#31 캄포나라야에서 비야프랑카 델 비에르조까지, 13.5km

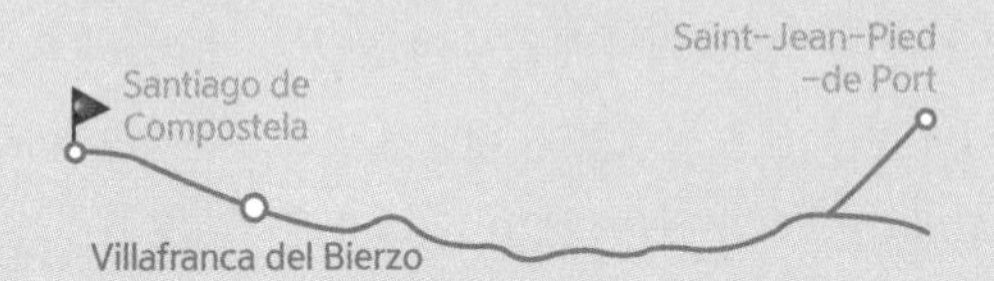

친구들은 먼저 출발했으나 다음 날 다시 만난 나를 보고 어차피 만날 사람을 왜 자꾸 버리고 가냐며 장난을 친다. 정말 왜 그랬을까? 맘속 뭘 그리 들여다 보겠다고, 대단히 새로운 걸 발견할 리 만무하건만 왜 혼자 무리를 했는지……. '빨리 가려면 혼자 가고 오래가려면 함께 가라!' 까미노 인연들이 내게 알려주었다.

——— "세상에! 여기서 뭐해? 우리를 기다린 거야?"
론 아저씨였다. 뒤따라온 데이브와 루시도 나를 보더니 배꼽을 잡는다. 비야프랑카 델 비에르조Villa Franca del Bierzo 입구에 있는 둥글고 육중한 산티아고 성당 앞이었다. 레스토랑에서 피자를 주문한 후 신발을 벗고 의자에 다리를 올린 채 등을 벽에 붙이고자 끙끙대고 있었다. 고꾸라지는 몸을 어떻게든 세워보려고 애는 썼지만 더 이상 한 발짝도 못 간다는 것을 온몸이 호소하고 있었다. 누군가 나를 질질 끌어 50미터 떨어진 숙소에 넣어 줄 수는 없을까, 그런 바램을 품은, 말하자면 시체가 되기 직전 완전한 녹초 상태였다.

"푸하하하! 그렇게 의지가 넘쳐서 우릴 버리고 가더니 어떻게 된 거야?"
"믿을 수 없을 걸. 숙소를 연 마을이 하나도 없는 거야. 결국 캄포나라야까지 갔어. 도착하니 밤 9시인데 식당은 문을 닫았지. 아저씨는 다들 자는 시간이니까 조용히 하라지……. 말도 마. 살금살금 샤워만 겨우 하고 꼬르륵거리는 배를 끌어안고 잤어. 너무 배고파서 잠도 안 오더라고."
"거봐 내가 같이 쉬자고 했지?"
"우리를 버리고 가더니 벌 받았네!"
"근데 캄포나라야에서 겨우 여기 온 거야?"
오후 4시였는데 겨우 13km 남짓 되는 곳에서 기절 직전의 내 모습이 재미있어 죽을 지경이란다.
사정이 있긴 하다. 참새가 방앗간을 그냥 못 지난다고 카카벨로스에서 내 관심을 붙잡은 몇 곳을 들러야 했다.

"카카벨로스는 그냥 지나치지 마세요. 비에르소 포도주 중심지고요. 포도 넝쿨로

발효한 독특한 포도주가 있는데 무지 깔끔하고 맛있대요."
순례자의 말을 무시하는 것은 좋은 태도가 아니라고 생각했다. 캄포나라야에서 만난 순례자의 조언대로 포도주 제조 기념관에 들러봤다. 스페인어 문맹이라 자세히 알 수는 없었지만 그림으로도 충분했다. 포도주 제조자로 나설 것도 아니니까 제조 방법보다는 맛을 보는 게 더 좋겠다는 매우 현명한 결론에 도달했다. 카카벨로스 전통주 오루호Orujos와 함께 브런치를 먹은 것이 화근이었다. 오루호 두 잔에 어지간히 취기가 올랐는지 개인이 운영하는 성물 기념관이 왠지 흥미로워 보였다. 전시품이라고 해봐야 고상과 성모상 십자가 정도였는데 왜 그렇게 열공하는 자세로 샅샅이 둘러보았는지. 그것으로 모자라 그 지방 생활사 박물관에 입장료까지 내고 들어가 3층을 모두 돌아보며 별것이 없다는 사실을 직접 확인했다. 오루호를 모두 소화시킨 후에는 시골길을 걸었다. 언덕을 넘고 작은 언덕을 또 넘고 도는 시골길을 세 시간 걷는데 양 옆으로 포도밭 말고는 아무것도 없었다. 흙 길은 온통 빗물이 철벅철벅해 잠시 앉아 쉴 곳도 없었다.
"세 시간 동안 쉬지도 못하고 왔어. 더는 못 걷겠어."
"하여튼 다시 만나서 너무 좋다. 우린 함께 갈 운명이야. 그걸 거부하지마."
"다시는 안 그럴게. 네버Never!"

"옛날 기준으로 하면 우리 산티아고까지 간 거나 다름없는데."
"무슨 말이에요?"
"저 성당 이름이 산티아고야. 옛날에 병이 들거나 부상 입은 순례자들은 저 성당까지만 가면 순례를 다 마친 걸로 인정해줬거든. 기어서 성당 문턱을 넘는 사람도 많았대."
론 아저씨는 참 아는 게 많다. 가이드북을 읽어주는 케이트가 없어도 중요한 건

론 아저씨가 다 알려준다.
"재희는 여기 두고 가자. 어때 괜찮은 생각 아냐?"
"언제는 까미노 운명이라며. 이렇게 바로 버리는 거야?"
실없는 농담과 재주 없는 유머 한마디로 충분한 위로를 받는 날이 있다. 친구들은 서둘러 가봐야 아무 소용이 없었다며 나를 놀렸다. 어차피 끝이 있는 길을 뭐하러 서둘러 가냐고, 어차피 만날 사람을 왜 자꾸 버리는 거냐며 지겨울 만도 한데 계속 장난을 친다.
정말 왜 그랬는지. 내 맘속 뭘 그리 들여다 보겠다고, 대단히 새로운 걸 발견할 리 만무하건만 왜 혼자 고생고생 무리를 했는지…….
'빨리 가려면 혼자 가고 오래가려면 함께 가라!'
딱 그랬다. 결과적으로는 빠른 것도 아니었다.
사람은 어쩌면 반쪽 거울이다. 내 거울은 마주선 사람을 비추고, 그 모습이 나 자신이기도 한 것이다. 함께 걷는 사람이 되돌려주는 소리에 공명하고 그러면서 내 소리가 만들어진다는 것을, 까미노 인연들이 내게 알려주었다.

"오 마이 갓. 우리는 함께 있어야 행운이 찾아온다니까."
'순례길 최고 숙소'를 만났다며 루시가 흥분하여 외쳤다. 성프란치스코 수도원과 연결된 길로 터덜터덜 걸어와 발견한 숙소에서 2인 1실 트윈 룸을 배정받았다. 달랑 8유로만 내고 들어왔는데 어지간한 호텔 패밀리룸보다 넓다. 심지어 욕조가 딸렸고 민트 색으로 페인트를 새로 칠한 방에 더블베드 침대라니.
함께 있어야 운이 좋았다. 아니 운수 좋은 날이라 함께 있을 수 있었던 걸까. 그날 우리는 서로에게 행운이었다.

CREDENCIAL DEL PEREGRINO

영혼의 길

산티아고
제3막

헨드릭의 친구 마티와 내 친구 미영이

#32 비야프랑카에서 루이테란까지, 21km

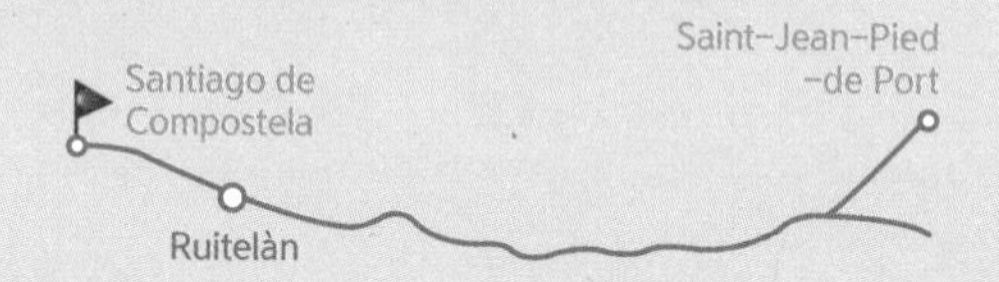

"저는……. 저는……. I am from, I am from……." 울먹이느라 이름도 말하지 못하던 남자가 있었다. 그는 고개를 숙이고 흐느끼기 시작했다. 먹먹한 기분이 되어 덩달아 눈물이 흘렀다. 그 남자는 헨드릭. 독일 국가 대표 축구 선수가 꿈이었으나 교통 사고로 골반부터 경추까지 부러지지 않은 뼈보다 부러진 뼈가 더 많았다고 했다.

——— "200km남았대. 저기 표지판 있어."
"정말 많이 왔다. 4분의 3이 지난 거네."
비야프랑카Villafranca del Bierzo를 출발하고 나서 산티아고까지 200킬로미터라는 표지판을 만났다. 800킬로미터를 걷기 시작하면 자연스럽게 표지판을 의식하게 된다. 앞자리 숫자가 줄어들 때마다 뿌듯하고 그러면서도 아직도 거리가 너무 아득해서 막막해지곤 했다. 7에서 6이되고 다시 5, 4, 3으로 줄어드는 숫자는 잘 해내고 있다는 위안을 줬는데 오늘의 안도감은 다른 종류였다.
'다행이다 그래도 아직은 200킬로미터가 남아있구나!'
매일매일 산티아고에 가까워지고 있다는 것이 점점 아쉬워졌다.

페레헤까지 가는 길은 제법 가파르다. 한 시간 넘게 숨을 몰아 쉬며 마을에서 올라갔다. 커피 한잔과 휴식을 기대했건만 마을엔 아직 열린 바가 없다. 중세 분위기가 물씬 풍기는 게 예사롭지 않은 마을이다 했더니 옛날에 지체 높은 여인께서 이 마을을 지나다가 허름한 오레오곡식 창고에서 출산을 한 사건이 있었단다. 중세에는 세금도 면제받고 군역도 피하는 특혜를 톡톡히 누리며 꽤나 대접받은 곳이었다고 한다.
"어떻게 그런 것도 다 알아요?"
별걸 다 아는 남자 론 아저씨가 신기해서 내가 물었다.
"킨들이 선생님이야. 다음날 루트를 미리 살펴보거든. 난 알고 걸어야 재미있더라."
케이트가 현장에서 종이 가이드북을 읽어주는 반면 론 아저씨는 킨들로 밤마다 예습을 하는 거였다. 무지한 순례자에게 예비하신 축복일까. 가이드북도 지도도 없이 걷는 내겐 케이트와 론 아저씨가 있었다.

암바스메스따스를 지날 때 마리카가 나를 불러 세웠다. 레온까지는 매일 마주치며 걸었는데 오랜만이었다. 독일에서 온 헨드릭과 함께였다. 인사를 나누는데 어딘가 낯이 익었다. 처음은 아니고 어디서든 한번은 마주친 듯했다.

"여기는 헨드릭이고 여기는 재희. 서로 인사해."

"반가워. 난 한국에서 왔어. 이름은 마리카가 벌써 말했네. 난 재희야."

"응 알아. 우리 같은 날 생장에서 출발했어. 몇 번 같은 숙소에 묵었고."

이럴 때 너무나 곤란하다. 난 이를테면 동굴형 시야를 가졌다. 보겠다고 작정한 것이 아니면 잘 못 본다. 관심을 두지 않은 것에 대한 관찰력이 극도로 부족하다. 함께 걷던 친구가 '방금 노란 옷 입은 남자 너무 웃기지 않니?' 라고 했을 때 내가 그 노란 옷을 봤을 가능성은 제로에 가깝다. 그래서 늘 핀잔을 받는다.

베르시아노스에서 촛불 예배에 참여했었다. 신부님이 집전하는 정식 미사는 아니고 자원봉사중인 호스피탈레로 중 한 사람이 주도하는 형식이었다. 베르시아노스의 알베르게에 있던 봉자사 두 명 모두 이름이 카를로스다. 한 사람은 영어가 유창했다. 접수를 돕고 시설 이용 안내를 맡았다. 다른 사람은 거의 영어를 하지 못했다. 그 사람은 알베르게에 머문 순례자 모두가 먹을 음식을 혼자 준비해 준 카를로스다. 우리는 그를 쉐프 카를로스라고 불렀다. 쉐프 카를로스는 산티아고 순례길에서 기적을 체험한 사람이라고 했다. 봉사자로서 자기가 받은 은혜와 소명에 응답하는 중이라고 영어 카를로스가 말해줬다. 쉐프 카를로스가 진행한 촛불 의식은 간단한 형식이다. 그가 선창한 노래를 다같이 따라 부르고 순례자에게 축복의 말을 건네면 영어 카를로스가 통역을 한다. 쉐프 카를로스는 초를 켠 후 전등을 껐다. 산티아고까지 가는 동안 바라던 해답을 얻기를 바란다고 축원하고 옆 사람에게 초를 넘겼다. 촛불을 건네 받은 사람은 자신이 까미노에서 바라는 것이나 느낀 것을 얘기하고 다시 초를 옆 사람에게 건넸다. 그렇게 초가 한 바퀴를 돌면 끝나는 예식이었다.

"저는……. 저는……. I am from, I am from……."

울먹이느라 이름도 말하지 못하던 남자가 있었다. 마지막에서 두 번째 순서였던 사람이다. 그는 울먹이다가 고개를 숙이고 흐느끼기 시작했다. 그의 울음이 그치기를 기다리는 동안 먹먹한 기분이 되어 덩달아 눈물이 흘렀다. 남자의 울음이 멈추지 않자 쉐프 카를로스는 남자가 들고 있던 초를 옆 사람에게 대신 건네며 말했다.

"괜찮습니다. 괜찮습니다. 형제여. 당신은 우리에게 말했습니다. 당신의 말을 들었습니다. 고맙습니다. 형제여."

마지막 순서이던 여자는 모두 산티아고까지 가자며 짧게 마무리했다. 쉐프 카를로스가 그 남자를 안고 등을 토닥이는 모습을 보며 우리는 그 방을 떠나왔다. 이름도 말하지 못하고 나는, 나는, 이라고 했던 그 남자가 바로 헨드릭이었다.

"창피해서 다음날 해 뜨기 전에 출발했어."

헨드릭은 쑥스러워하며 고개를 숙였다. 그날 밤엔 촛불에 의지해야 했기에 잘 보지 못했는데 지금 보니 사람을 기분 좋게 하는 미소가 얼굴에 가득하다. 헨드릭이 맥주를 사겠다고 해서 마리카와 함께 바의 야외 벤치에 앉았다. 오늘따라 컨디션이 좋은 루시는 라 파바La Faba에서 만나자며 지나갔고 헨드릭을 알아본 론 아저씨와 데이브도 멈춰 잠시 인사를 나눴지만 걷고 싶어 안달인 눈치다. 이제야 고대하던 새소리, 물이 오르는 나무 향기를 느낄 수 있는 길로 들어선데다 햇살까지 부드러워 얼마든지 걸을 수 있는 그런 오후였다.

"먼저 갈게. 라 파바에서 만나. 알지? 우리는 함께 일 때!"

"하하하. 그래. 다시 한 번 행운을 시험해 보자고!"
그날 나는 완전체의 행운을 시험해보자는 약속을 지키지 못했다. 라 파바까지 가지 못했다. 맥주가 한 잔에서 두 잔, 세 잔이 되었고, 루이테란Ruitelan에서 배낭을 내렸다.

"사람들은 죽지 않은 것만도 다행이라고 했지만 난 차라리 죽고 싶었어."
헨드릭은 축구 선수 출신이다. 한때는 국가대표 리스트에 이름을 올리는 것이 소원이었다. 그가 탄 차가 마주 오던 차와 정면 충돌하고 언덕을 굴렀다. 골반부터 경추까지 부러지지 않은 뼈보다 부러진 뼈가 더 많았다.
"양쪽 빗장뼈도 모두 부러지고 오른쪽 다리는 으스러졌고 성한 데가 없었지. 수술만 아홉 번. 걸을 수 있다고 생각한 건 2년이 지난 후였어."
"기적이다. 넌 이렇게 잘 걷잖아. 아니 그냥 잘 걷는 정도가 아니라 800km 순례 길에 있잖아."
헨드릭이 그렇게 말을 잘하는 사람인 것도 기적처럼 느껴졌다. 마리카가 물었다. 그날은 왜 그렇게 울었던 거냐고.
"너희는 내가 말해도 못 믿을 텐데."
"지금까지도 믿기 힘든 얘기만 했으면서? 말해봐."
헨드릭은 망설였다. 생글생글 웃으면서 신나게 얘기하던 헨드릭 표정이 조금 어두워졌다.
"그날 촛불 의식 중에 내 친구 마티가 거기 왔었어."
마티는 헨드릭과 함께 교통사고를 당한 후 의식 불명 상태로 헤매다가 두 달 만에 세상을 떠났다고 했다. 헨드릭의 가장 친한 친구였다. 카를로스가 초를 켰을 때 교통사고를 당하는 순간부터 아홉 번의 수술을 하고 재활하던 모습, 울고 불고 몸부림치던 모습이 영화 필름 돌아가듯 보였다고 한다.

"마티가 나를 보고 웃고 있었어."

쉐프 카를로스가 성경을 읽고 촛불이 자기에게 왔을 때 죽은 친구가 나타나 미소를 지었다고 했다. 수술과 모르핀에 절어 지내는 동안 평생 불구로 사느니 차라리 죽어버린 친구처럼 죽고 싶었다던 남자. 그 남자가 들려준 이야기는 부흥회의 목사 앞이라야 환영 받을 간증 같았다.

"마티는 죽고 난 살았잖아. 너무 슬펐어. 나만 살아서 미안하다고 사과하고 싶었는데 사고 이후 꿈에도 한번 나타난 적이 없어. 이번에 순례를 나서면서 내가 마티를 대신해서 걷는 거라고 생각했거든. 한번이라도 마티를 보고 싶다고 매일 기도했는데 그날 마티가 직접 온 거야."

느긋한 오후에 스페인 맥주 마우Mahou를 마시며 듣기에는 너무 극적인 얘기다. 간절한 바램이 환상을 만들어 낸다고 일갈할 수도 있겠지만, 나는 까미노의 경이 중 하나로 믿어버리기로 했다. 증명할 방법은 없다. 헨드릭은 마티를 만났고 그날 이후 헨드릭의 울음이 멈췄다. 하루에도 몇 번씩 냉소를 쏟아내던 마리카와 내가 한 자락 의심 없이 그의 말을 믿는다는 것. 그것이 까미노의 경이이고 증거다.

증거는 하나 더 있다. 난 그날 밤 꿈을 꾸었다. 꿈속 순례 길에서 내 친구 미영이를 만났다. 우리는 둘 다 까미노를 걷고 있는 걸 왜 서로 몰랐을까라며 호들갑을 떨었다. 미영이는 산티아고 길을 걷고 싶어 했던, 2년 전 갑자기 세상을 떠난, 고등학교와 대학교를 같이 다닌 내 친구다.

키스 하는 사람과 키스 받는 사람

#33 루이테란에서 폰프리아까지, 23.5km

키스하는 사람과 키스를 받는 사람. 상황에 따라 우리는 키스하는 역할과 키스 받는 역할을 담당한다. 언제나 키스하는 역할을 하는 사람 없고 언제나 받는 사람도 없다. 역할은 사람의 상태에 따라 결정된다. 애정이 큰 사람이라야 주는 사람이 되고 덜 사랑하는 사람이 받는 역할을 맡는 게 아니라는 얘기다.

——— 길을 잃었다. 굳이 말하자면 이것도 까미노의 기적이라고 해야겠다. 도저히 그럴 수 없는 길에서 또 길을 잃었다. 아침 이슬이 채 가시지 않은 오솔길을 지나는데 너무나 인간적으로, 아니 동물적으로 생명을 존중받으며 사는 소들이 풀을 뜯으며 아침식사를 하고 있었다. 목가적이란 말은 이럴 때 쓰는 거구나, 절감하며 길을 걸었다. 풀밭에 엎드린 게으른 말과 눈도 맞추었다. 물론, 노란 화살표도 확인했다. 목축 마을 라 파바까지 밤나무 숲이 울창한 숲길을 올라가게 될 것이라고 들었는데 웬걸 잔 돌이 흘러내리는 길이었다. 그러더니 까미노 표식도 없는 민둥산이 떡하고 나타났다.

"아니다 싶을 때는 원래 자리로 돌아가라"
얼마나 많이 들었던 충고냐. 그럼에도 불구하고 나는 감으로 방향을 잡았다. 네 다리 전법으로 엉금엉금 기어가다 미끄러지고 엎어지며 한 시간이나 산길을 헤맸다. 다 미련한 탓이다.
'그럴 리가 없는데 왜 산이 왼쪽으로 있는 거지?'
오세브레이로 산 정상 마을은 점점 각도를 벌리며 멀어졌다. 그럴 리 없긴 뭐가 그럴 리 없어? 잘못 온 거다. 제대로 왔다면 오세브레이로는 까미노에서 정면 방향이어야 한다. 이 길로 계속 가면 왼편 뒤로 보내게 된다. 그제서야 다시 돌아가려 했는데 떨어지는 흙더미를 맞으며 올라왔던 길을 도저히 찾을 수가 없었다. 길을 완전히 벗어났다. 최소한 지난 몇 년간 자동차도 사람도, 누구도 지나지 않았음이 명백한 버려진 길이었다.

이럴 때는 어떻게 해야 하는지 바보가 아니면 다 안다. 신을 불러야지. 구글 신. GPS를 켜고 요리조리 한참을 궁리한 후 알아낸 것은 멀리 잘못 왔다는 것이었다. 어떻게 돌아가야 할 지는 모르겠다. 구글 신은 길을 찾아주지 않았다. 멍하게 대책 없이 있는데, 어이없게도 어제 헨드릭이 해 준 말이 생각났다.

"산티아고 가는 동안 천사를 세 번 만나게 된대."

'그야 촛불로 친구도 막 불러내는 헨드릭이나 가능하지. 말도 안돼!'

그런데 나도 이미 천사를 만난 몸이지 않은가! 까미노 첫날, 론세스바예스를 앞두고 죽을뻔한 나를 구해준 토마스. 그는 천사가 분명했다. 그렇지 않으면 그날 이후 토마스를 만나지도, 오늘까지 한 달이 넘는데 그를 본 사람, 아는 사람을 만나지 못할 리가 없잖아?실은 내가 느려터져서 늘 내 뒤에 출발한 사람들만 만나게 된 때문이기도 하다. 같은 날 출발한 사람들은 거의 만나지 못했다. 하여튼 난 두 번째 천사가 없으란 법이 없다고 믿기로 했다. 다른 뾰족한 방법도 없으니 기도라도 해볼 밖에. 손해 볼 것도 없었다.

"제발 저에게 천사를 보내주세요."

기도를 하긴 했지만 나도 내가 한심했다. 천사가 무슨 택배 아저씨나 도우미냐 멀쩡한 정신으로 뭘 한건지. 큰길이 보이는 데까지는 가보면 뭐가 나올지도 모르니 일단 가보기로 했는데 노래가 나온다. '내~애~ 주~르을 가~까아이~.' 또 이 노래다. 지하철 주변에서 구걸하는 분들이 녹음기에서 자동 재생시키는 곡. 위급할 때는 왜 이 노래만 생각나는지. 벌써 세 번째다. 노래인지 기도인지 알 수 없는 가사를 읊었다. 구글 지도에 표시된 붉고 다급하게 흔들리는 빨간색 내 위치에 눈을 고정하고 걸었다.

"하이~. 하이, 데어~!"

쉬익 쉬익 바람소리인가 했는데 여기서 누가 날 부른다? 헉! 이건 정말 말도 안된다. 자전거 순례자였다. 그럼 여기는 자전거 까미노?

"넌 도대체 왜 여기 있는 거야?"

내가 하고 싶은 말을 자기가 먼저 하다니. 포르투갈에서 온 자전거 순례자 루이스는 길을 잘못 들었다고 했다.
"내가 지도를 잘못 봤어. 지도에 흐린 선이 지름길인줄 알았는데 오다 보니 폐쇄된 길이야."
루이스는 '도저히 이해할 수 없는 방법으로' 길을 잘못 들어선 나에게 왔다. 고맙고 반가워서 하마터면 사랑에 빠질뻔했다.
"네가 천사로구나. 나를 구해주기 위해 네가 길을 잘못 들어선 거야."
초면에 정신 나간 여자로 보이고 싶지는 않아서 천사를 보내달라고 기도했다는 말은 하지 않았다. 루이스는 지도를 펴더니 내가 서있던 폐쇄된 길로부터 어떻게 자전거 도로로 빠져나간 후 다시 보행자 까미노로 들어가야 하는지 천천히 선을 짚으며 손가락으로 그려주었다. 나는 루이스 천사의 가르침을 받아 길을 눈에 넣었다. 그는 천사의 소임을 마친 후 열심히 패달을 밟으며 사라졌다.
'자, 이래도 아니란 거냐?'
하늘에 사신다는, 지극히 높으신 분이 짓궂은 웃음을 짓는 것 같다. 헨드릭이 보고 싶었다. 나중에 내 말을 들은 헨드릭은 흥분을 감추지 못했다.
"거봐 내가 뭐랬어. 천사를 만난다고 했지!"
천사 루이스가 알려준 대로 무사히 라구나Laguna de Castilla로 빠져 나왔다. 까미노로 들어선 후 가파른 언덕을 올랐다. 레온에서 루고 지방으로 넘어가는 마지막 오르막이다. 멀리 철의 십자가가 있던 이라고 산이 보였다. 춘몽으로 천사를 만났다는 착각을 하기엔 너무나 청명한 날이었다.

산티아고까지 152km.
표지석이 날 환영해주었다. 드디어 갈리시아 루고로 넘어왔다. 오세브레이로에

당도한 것이다. 그런데 이럴 수가. 기대와 너무 다르다. 오세브레이로는 어이없을 만큼 풍광이 좋은 곳에 자리잡은 유지가 잘 된 민속촌 같았다. 나는 오세브레이로에 실망했다.

산타마리아 성당에서 성배와 12세기 성모자상을 보고 나오는 길에 뮤지션 남매 애나와 애슐란을 만났다. 어제 루이테란에서 함께 지낸 남매인데 애슐란은 시애틀 지역에서 꽤 유명한 인디 뮤지션이라고 했다. 애나는 와튼스쿨을 나와서 컨설팅 회사에 다니다가 지금은 애슐란 밴드의 기획과 매니저 역할을 하며 잘 나가는 남동생을 돕고 있다. 마리카와 헨드릭을 봤을까 해서 물어봤더니 둘은 트리야카스테야까지 간다고 했단다. 이미 한참 앞서 있을 것이다.

가톨릭 제전의 클라이막스는 영성체를 받는 것이다. 사제는 '빵은 주님의 살이요 포도주는 예수님의 피'라고 선언한다. 신자들은 영성체를 통해 주님의 피와 살을 받아 먹으며 그가 주는 생명과 신앙으로 일치를 이룬다.

"왜 하필 그런 기도를 했을까? 상상하면 좀 끔찍해."

"의심이 많은 사람이었나? 성체의 신비를 실제로 보여주셔야 믿겠습니다. 뭐 그런 거지."

애나 말마따나 의심이 많고 증표를 찾아 헤매던 순례자의 기도는 하필 '영성체의 신비가 실제로 이루어 주소서'였다. 사제의 손에 있던 밀떡은 피 흘리는 살이 되고 포도주는 피로 변했다니 듣기에 따라서는 호러 영화같은 기적이 일어난 곳이 오세브레이로다. 이사벨 여왕이 기적의 성배를 탐내서 수없이 성배를 가져가려 했지만 꼼짝도 하지 않는 나귀 때문에 결국은 실패했다는 전설에 이르기까지 신비로운 이야기가 넘치는데, 내 눈에는 위생 점검을 수시로 받는 민속마을 정도로만 보인다.

GALICIA
Camiño
de
Santiago
DIPUTACION
PROVINCIAL
LUGO

사람들 취향은 모두 다르다. 애나와 애슐란은 오세브레이로가 마음에 드는 눈치였다.
"돌을 정말 촘촘히도 쌓았지? 이 마을 건물들 모두 다 로마시대 이전 거라는데 어쩜 이렇게 말짱하지?"
"타임머신 타고 온 거 같아. 너무 예쁜 마을이야."
뮤지션 남매는 오세브레이로에서 하루 묵어가자고 한다.
"새벽이면 안개가 장관이래. 발목 아래로 산봉우리들까지 다 안개에 잠겨있대. 멋진 풍광이 아침 햇살에 서서히 걷힌다고 상상해봐."
예의상 생각해보는 척 했지만 내 마음은 이미 마을을 떠난 지 오래였다. 뮤지션 남매가 노래와 기타를 연주하는 소리를 들으며 오세이브로를 뒤로했다.

"오르막이 끝인 줄 알았는데 아니잖아. 언덕 넘고 또 넘고 또 언덕이고 정말 너무 힘든 날이었어."
"에이 그래도 다 왔는데 뭐. 잘했어. 수고했어."
겨우겨우 폰프리아Fonfria에 도착했을 때 나의 에너지 게이지는 0%였다. 산을 여러 개 넘었고 언제 어디서 뭐에 물렸는지 뒷목에 커다랗게 솟아오른 자국이 가렵기까지 했다. 마리카와 함께 트리야카스테야까지 갈 거라던 헨드릭이 어쩐 일로 폰프리아에 있었다.
꿈에 미영이를 만났을 때만큼이나 반가웠다. 눈물이 날 만큼 반가웠지만 힘들고 우울해서 울고 싶던 차라 마음과 반대로 짜증을 퍼부었다.
저녁 먹는 장소가 다른 건물이라는 말에 차라리 굶겠다는 나를 헨드릭이 달랬다.
"가자. 밥 먹으면서 사진도 좀 보여줘. 산 로께 언덕에서 순례자 동상 봤어? 엄청 나지?"

"헨드릭! 날 좀 그냥 둬. 오늘은 아무것도 다 싫어. 내일 얘기하자. 나 그냥 쉴래."
"밥 먹어야 기운이 나지. 그러지 말고 가자."
"여기 봐. 나 벌레도 물렸어. 제기랄 베드버그인 거 같아."

난 론아저씨의 발에서 '왕물집'을 빼주며 천사로 등극했다. 케이트와 루시에게 어른다운 상담 아줌마 역할을 했고, 피터와 한스에게는 유쾌하고 친절한 친구였다. 로사, 에바, 레베카, 마리카, 웨인도 나더러 씩씩하고 밝은 에너지가 넘친다고 하지 않았나. 그런데 지금 나는 헨드릭에게 무례할 만큼 징징거리고 있었다. 내가 헨드릭한테 왜 이러지? 다른 사람에게 깍듯하게 예의를 차리다가 헨드릭 앞에서 봉인해제 상태로 짜증을 퍼붓고 있다는 자각이 들었다. 저녁을 먹고 난 후에 헨드릭은 알베르게를 일일이 수소문해서 허브 오일을 가진 프랑스 순례자 쟌느를 데려왔다. 쟌느가 허브 오일을 벌레 물린 곳에 발라주고 헨드릭은 옆에 있었다. 헨드릭에게 그만 돌아가라고 핀잔을 주었다. 스스로도 당황스러웠다. 문득, 오래 전 읽은 칼럼이 기억났다.

키스하는 사람과 키스를 받는 사람Kisser vs Kissed. 주는 사람과 받는 사람으로 나눈 정의였다. 살아가면서 우리는 키스하는 역할과 키스 받는 역할을 담당한다. 언제나 키스하는 사람인 사람은 없고 언제나 받는 사람인 것도 아니다. 역할은 사람의 상태에 따라 결정된다. 누구를 만났을 때 사랑과 위로, 격려를 쏟아 붓는 사람이 될 때가 있고 주로 받기만 할 때도 있는데 그 역할은 자주 바뀐다고 한다. 얼핏 생각하면 주는 사람끼리 만나면 훨씬 좋을 것 같은데 Kisser만 모여 있는 그룹이 받기만 하려는 사람들Kissed끼리 만난 그룹에 비해 행복감이 높지 않다고 했다. 키스하는 사람일 때는 키스를 받는 역할을 하는 사람이 필요하고, 받고 싶어

하는 사람과 함께 있어야 행복하고 편하다. 사람들은 본능적으로 내 상대 역할을 해줄 사람을 고른다는 주장이었다. 애정이 큰 사람이라야 주는 사람이 되고 덜 사랑하는 사람이 받는 역할을 맡는 게 아니라는 얘기다. 그때그때 필요에 따라 다른 역할을 할 상대를 찾는다는 가설이 신선했다.

가설에 따르면 헨드릭은 위로, 봉사, 응원, 보살핌을 주는 Kisser 역할을 선택한 상태이다. 그에게는 Kissed가 필요하다. 지난 5년 동안 누워 Kissed 역할에 지친 헨드릭은 봉인 해제된 Kisser이다. 그는 응원과 위로, 사랑과 봉사를 펼칠 대상이 필요했고 Kisser 역할이던 내가 충실한 Kissed가 되주고 있었다. 아, 복잡하지만 그렇게 밖에는 설명할 수가 없다. 나는 길을 잃었었고, 몸은 천근만근이다. 게다가 벌레에 물리기까지 했으니 투정부리기엔 완벽한 날이었다. 제기랄!

까미노는 나를 항복시켰다

#34 폰프리아에서 사리아까지, 34km

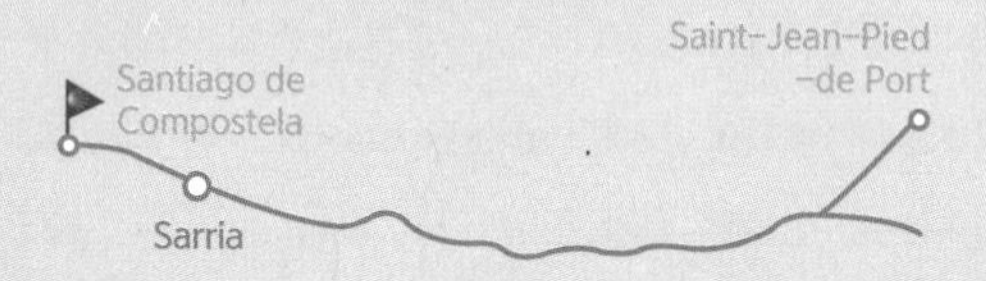

자연의 소리를 들어야지 겨우 음악이나 듣느냐던 나는 오늘 이어폰을 꽂고 산길 34km를 걸었다. 음악이 아니면 해내지 못했을 거라고 생각한다. 까미노는 이렇게 내가 비난하던 것, 우습게 여기던 일, 나와 다르다고 쌓아 올렸던 벽을 사정없이 무너뜨렸다. 까미노는 나를 항복시켰다. 내 안에 아직 견고하게 남아있는 벽은 무얼까. 남은 길에서 난 또 어떤 항복을 하게 될까?

——— 최악의 아침을 맞았다. 울면서 하루를 시작한 날은 순례 기간을 통틀어 이날이 유일하다. 고통과 괴로움은 다르다. 그동안 아무리 아프고 힘들다 해도 괴롭고 비참한 기분은 아니었다. 하지만 오늘은 땅 깊숙이 가라앉아 버렸다. 어제 피곤에 절여진 내 몸은 밤새도록 베드버그로 의심되는 물것들의 잔칫상이 되어버렸다. 물리는 걸 느끼면서도 저항하지 못하는 상태는 겪어본 사람만 알겠지. 온몸이 두들두들 가렵고 아프지 않은 곳이 없다. 길을 걸으며 너무 행복해서 아껴 걷고 싶었던 그런 마음은 간데없고 까미노가 지긋지긋하게 느껴졌다.

"걸을 수 있을지 모르겠어."
헨드릭이 오렌지와 감자, 빵으로 골고루 아침을 챙겨줬지만 쳐다보지도 않았다. 입맛도 없고 그냥 괴롭기만 하다.
"아이팟 같은 거 가져왔어? 노래를 들으면 좋은데."
"가려워 죽겠다는데 넌 나한테 지금 음악이나 감상하라는 거니?"
음악이라니. 순례길을 걸으면서 단체로 피크닉 나온 사람들처럼 왁자지껄 다니는 사람이나, 귀에 이어폰을 꽂고 다니는 사람이나, 이해할 수 없기는 마찬가지였다. 순례길에서 사람들과 몰려다니면 자기에게 집중할 수 있을까? 새소리 물소리 바람소리 가끔은 믿거나 말거나 햇볕이 나무에 닿는 소리마저 들렸는데 그런 자연을 걸으면서 기껏해야 인간이 만들어낸 음악이나 듣는다고? 외국으로 어학연수 떠나 한국인 친구들하고 잔뜩 어울려 다니는 것과 뭐가 다르지? 누구 말대로 스투핏~이다. 그렇게 생각했다.

"난 아파서 오래 누워있던 사람이잖아. 재희야 내 말을 믿어봐."
이렇게 나오면 할 말이 없다. 헨드릭은 온몸이 부서진 경험을 한 사람이고 그가 받았던 여러 치료 중에 음악 테라피도 있었다고 했다. 실제로 고통이 줄어든다고. 내키지 않더라도 자기를 믿고 일단 해보라고 설득했다.

"음악 치료Music therapy는 내 체험만이 아니야. 실제로 과학적으로 밝혀진 사실이야. 효과 있어."

파동이 어떻고 뇌 전달 물질이 어찌어찌 하여 고통이 줄어든다는 얘기는 들어본 적이 있었다.

"약속해. 정말 해보는 거다."

"알았어. 약속할게."

자기 체험에 과학까지 들먹인 헨드릭의 말대로 한번 해보겠다고 생각했다. 까미노에서 이어폰은 혼자 걷고 싶을 때, 대꾸조차 하고 싶지 않을 때, 내 공간을 만드는 소품 정도였다. 이어폰을 꽂으면 목례만 하고 지나칠 수 있었으니까. 무례하지 않게 혼자가 되는 방법으로 썼던 이어폰을 꺼내 귀에 꽂고 음악 플레이 버튼을 눌렀다. 무릎까지 덮는 안개가 밀려다니는 아침. 한달 만에 처음으로 문명의 노래 소리가 내 귓속으로 들어온다.

Hello. It's me……. 안녕. 저예요…….

헨드릭이 말해주지 않았던, 기대하지 못했던 반응이 나타났다. 눈물. 또 눈물이다. 아 정말 까미노를 걸으면서 너무 많이 운다. 바람이 불어 뺨이 차가웠지만 기분 좋은 눈물이 계속 흐르도록 그냥 걸었다.

헨드릭은 절대로 슬픈 노래는 듣지 말라고, 빠른 걸음으로 박자를 맞출 수 있는 노래를 들으라고 했는데 하필 첫 음악은 아델Adele이었고 다음은 샘 스미스Sam Smith에 혀오까지. 휴대폰에서 랜덤 셔플링된 음악은 극강의 쓸쓸한 노래들이었다. 천천한 음악을 들으면서 나는 쉬지도 않고, 목이 마르거나 배가 고프다는 생각조차 하지 않고 걸었다. 심지어 다른 때보다 빨리 걸었다.
만약 트와이스나 레드벨벳의 발랄한 노래였다면? 아예 듣지 못했을 것 같다. 그날의 나 같던, 내 기분 같았던 노래들. 내 귀에만 속삭이며 나를 위로한 노래들. '네 기분 다 알지만 방해하지 않을게'라는 듯 실컷 쓸쓸하고 실컷 짜증부릴 수 있도록 해준 노래가 그날 나의 길 친구였다.

쉬지 않고 여덟 시간을 걸었다. 울면서 시작한 절망의 날이었는데 바에 들어가지도 않고, 단 한마디도 하지 않으면서 8시간을 내리 걷다니. 최초, 최고 기록이었다.
주민이 거의 살지 않는 지역을 지나는 루트는 낮고 높은 언덕으로 이어졌다. 목축 마을 너른 풀밭에서 소떼가 풀을 뜯었다. 낮잠을 자는 소를 지났고 소싸움을 구경했다. 평생 가장 많은 소를 만난 날이다. 실제로 수소가 싸우는 것을 직접 눈으로 본 것도 처음이다. 이베리아 반도 수소 둘이 길게 굽은 뿔을 밀며 부딪혔는데 정말 흥미로운 것은 다른 소들이 몰려다니며 그 싸움을 구경하는 모습이었다. 세상에서 재일 재미있는 게 싸움 구경이라더니 이 녀석들도 그 싸움 구경 재미를 아는 건가.

음악 테라피를 받으며 정말 잘 걸었다. 그러나 마음으로 정해둔 칼보Calvor는 보일 듯 보일 듯 나타나지 않았다. 오후 4시가 넘었을 때 흰색 건물이 하나 보였다. 건물은 도로변 밤나무 사이에 숨어있었다. 커다란 쓰레기통을 간판 세우 듯 나란히 전시해둔 특이한, 딱히 유쾌하지 않은 건물이다. 순례자 대피소Refuxio de peregrines. 알베르게도 아니고 호스텔도 아니고 심지어 대피소였다.

"올라~."
인사를 하며 문을 열고 들어갔는데 아무도 없다. 1층 주방과 세탁실에는 과연 누가 한번이라도 사용했을까 싶을 만큼 냉기가 가득했다. "올라~." 본능적으로 덤벼오는 두려움을 없애기 위해 다시 소리쳤다. 귀신도 인사하는 사람에게는 어쩌지 못할 거라는 바램으로 나는 계속 '올라'를 외쳤다. 2층으로 연결된 시멘트 계단은 소독약으로 닦아낸 듯 섬뜩하게 깨끗하다. 흰색 시트가 덮인 철제 침대가 나란한 병실, 아니 침실이었는데 순간 등줄기가 서늘해졌다. 다리가 뻣뻣해지는 공포였다. 누군가 뒤꼭지를 잡아당길 것만 같다. 계단을 구르듯 엉덩방아를 찧으며 내려와 배낭을 끌어냈다. 겨우 건물 밖으로 나와서 보니 멀찍한 도로에서 후미진 건물이다. 꺄아아악~! 나는 그야말로 젖 먹던 힘을 다해 도망쳤다. 칼보의 대피소에서는 한 순간도 머물 수 없었다.

대피소를 완전히 벗어나자 갑자기 허기가 찾아왔다. 하루 종일 아무것도 먹지 못하고 산 넘고 언덕 넘어 30km를 걸었다. 햇볕은 지글지글 머리를 데우고, 다리는 후들후들 의지와 상관없이 제 맘대로 걸었다. 시원한 맥주에 또르띠야를 먹을 수만 있다면. 아니 그냥 딱 맥주만 한 모금. 정신 줄을 놓기 전에 바Bar 표시가 보였다. 기쁜 마음에 발이 꼬여 슬랩스틱을 하듯 문을 밀고 들어갔다.
거짓말처럼, 정말 거짓말처럼 거기 또 헨드릭이 있었다. 그는 스페인 맥주 마우Mahout를 깊이 들이키고 있었다. 헨드릭과 나는 마주보고 깔깔 웃었다. 나와 달리 강을 따라 걷는 루트로 돌아온 헨드릭 역시 고생 깨나 한 모양이었다. 칼보 대피소 얘기를 들려줘야 했지만 당장은 맥주가 급했다. 스텔라Estella가 선사해준 안식을 얻었다.

"에레스 뚜 꼬레아나?"
맥주를 마시고 있는데 바 주인이 한국 사람이냐고 묻는다. 그렇다고 하자 메모지를 전해줬다.

Hi Jaehee, Welcome to Sarria. Pizza for dinner today? Ron/Rucy/Dave.

재희야 안녕? 사리아에 온 걸 환영해. 저녁으로 피자 어때? 론/루시/데이브.

얼떨떨하다. 한참 앞서 간다고 생각했던 론 아저씨 일행이 오늘에서야 사리아에 들어갔다니. 하필이면 이 바에서 쉬면서 여기에 들어올지 아닐지도 모르는 나에게 메모를 남겼다니. 내가 오늘 초인적인 힘을 발휘하여 쉼 없이 걷지 않았다면 사리아까지 오지 못했을 것이고 계획대로 칼보에 묵었다면 여기에 올 일이 없었다.
우리는 지금껏 만났다 기약 없이 헤어졌다. 나와 론 아저씨, 데이브나 루시 할 것 없이 모두가 선호하는 방식은 '우연히 만나면 함께, 그렇지 않으면 따로'였다. 모두 자기 페이스에 따라 걸었다. 만나면 반갑지만 누구를 위해 걷는 속도를 조절하지는 않았다. 우리는 늘 몰려다니는 순례자들이 불편하고 솔직히 좀 못마땅했다. 애초에 함께 온 부부, 모녀, 부자, 친구야 그렇다 쳐도 까미노에서 만난 사람들끼리 계속해서 서로 어디 있는지 얼만큼 왔는지 확인하며 쉴 곳, 먹을 곳, 잘 곳을 함께 정해 다니는 경우도 있었다. 심지어 내가 만난 어떤 사람은 이미 짐을 풀었던 알베르게에서 다시 퇴소하여 친구들이 있다는 마을로 돌아가기까지 했다. '그런 사람들'처럼 행동하지 않기로 무언의 합의를 이루었다. 그런데 불쑥 메신저도 아니고 와츠앱도 아닌 이런 옛날 고릿적 방식 메모라니.

가족의 탄생. 사리아Sarria의 저녁을 한마디로 하라면 그렇게 말해야겠다. 메모를 보고 일어섰다. 그래 가자. 주변 숙소를 찾아볼까 하다가 헨드릭과 나는 시내까지 가기로 했다. 기다리는 사람들이 있다는 것, 그들을 향해 가는 기쁨이 이렇게 큰 줄 미처 몰랐다. 내딛는 한발 한발이 마지막이었으면 했을 만큼 너무나 힘들었지만 하늘을 달리는 기쁨이 다리를 이끌었다. 알베르게가 모여있는 골목에서 두리번거리며 걷는데 친구들이 작은 건물 발코니에서 몸을 내밀고 우리를 향해 빠르게 두 팔을 젓고 있었다.

"야호오~! 드디어 우리 다시 만났다."

까미노는 이렇게 단련시켰다. 자연의 소리를 들어야지 겨우 음악이나 듣느냐던 나는 오늘 이어폰을 꽂고 산길 34km를 걸었다. 음악이 아니면 해내지 못했을 거라고 생각한다. 성찰하며 걸어야 할 길을 우르르 친구 따라 다니냐며 비웃던 나는 사리아까지 죽을 힘을 다해 걸었다. 친구들이 남겨둔 메모가 아니었다면 어림 반 푼어치도 없을 일이었다. 까미노에서 천사를 만난다는 얘기는 신비주의라며 비웃었다. 그런 내가 기적의 증거인 헨드릭과 친구가 되었고 심지어 나도 두 번이나 천사를 만났다. 배낭을 택배로 보내고 빈 몸으로 걷는 사람들을 가짜 순례자라며, 속으로 6두품이라고 불렀던 나는 배낭을 미리 보내려면 도착할 곳을 미리 정하는 계획성과 반드시 그곳까지 가는 체력 조절이 필요한 일임을 테레사를 통해 알았다. 나 같은 사람은 할 수 없는 일이다. 까미노는 이렇게 내가 비난하던 것, 우습게 여기던 일, 나와 다르다고 쌓아 올렸던 벽을 사정없이 무너뜨렸다. 까미노는 나를 항복시켰다.

내 안에 아직 견고하게 남아있는 벽은 무얼까. 남은 길에서 난 또 어떤 항복을 하게 될까?

CREDENCIAL PEREGRINO

순례자에겐
각자 다른 까미노가 있다

#35 사리아에서 포르토마린까지, 22.5km

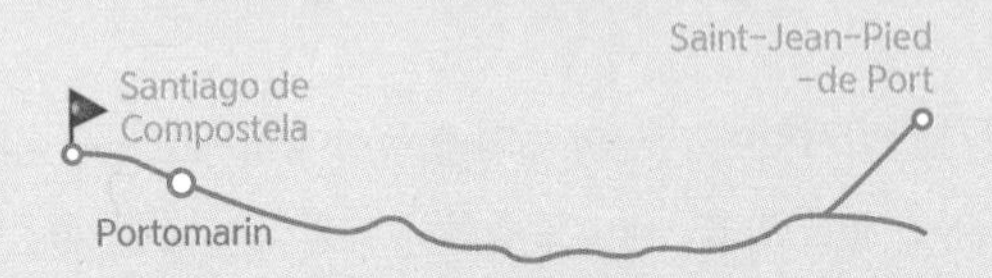

"그래도 그렇지 순례길에서 대놓고 자가용은 너무한 거 아냐?"

지동차에 탄 사람들이 창을 활짝 열고 몸을 반쯤 내밀고 있다. "저것들이 정말!" 승용차가 멈추더니 운전자가 내려 우리를 놀리 듯 기지개를 켠다. 이번엔 뒷문이 열리고 젊은 남자 둘과 여자 하나가 따라 내린다. 여자가 차 트렁크에서 무언가를 꺼냈다. 보행 보조기였다. 남자 둘은 차에서 나이 든 여성을 안아 내린다. 우리는 모두 머쓱해졌다.

——— 충격이다. 사리아부터 완전히 달라졌다. 어제까지 걸었던 길에서 이어진 길이라는 것을 믿을 수 없었다. 어느정도 예상한 일이지만 막상 까미노가 이 정도로 북적거린다는 사실은 받아들이기 힘들었다. 손바닥만한 힙색을 엉덩이에 걸치고 반바지와 탱크 탑을 입은 여인들이 무더기로 나타났다.

"봤어? 저 사람들도 설마 페레그리노순례자야? 아니지?"

믿을 수 없기는 나도 마찬가지였다. 배낭을 동키 서비스 택배로 다음 숙소까지 보내는 순례자는 이미 많이 봐왔다. 테레사가 그랬고 무릎이 아파 고생하던 레베카도 두 구간을 배낭과 따로 걸었다. 그런데 이 사람들은 그 경지를 넘어선다. 트레킹과는 매우 거리가 먼 기능성 의류를 걸쳤다. 비키니에 썬탠 오일을 바르는 순례자, 상상할 수도 없는 진풍경이었다.

"100킬로미터만 걸으면 순례 증서를 주잖아."

"순례는 무슨. 단체 관광객들이지."

"여행사에서 파는 5일짜리 여행 상품으로 온 거니까 저런 차림으로 다니지."

"숙소 잡아주고, 단체 버스에 수트케이스를 맡기고, 걷다가 지치면 가이드가 픽업해주고."

또 나만 몰랐구나. 사리아부터 순례자가 급격하게 많아진다는 얘기는 들었지만 까미노가 이 정도로 정교하게 상업적으로 '순례자 코스프레 관광객'들을 만들어 내는 줄은 몰랐다. 알고 나니 신기하게 보였던 사람들에게 짜증이 날 뿐이다. 향수 냄새를 날리는 여자들, 겨드랑이에 데오드란트를 바르는 남자들이라니.

"마음 다스리자. 짜증나고 화나면 우리만 손해야."

"그래. 모두에게 다른 까미노가 있다. 그게 교훈이잖아. 잊지 말자고."

이 지구에 나뿐인가 할 정도로 한가했던 길을 수없이 걸었는데……. 하루 종일 혼자 걸었던 날도 적지 않았는데……. 바로 어제까지도 새소리, 초원을 지나는

바람소리에, 햇볕이 내려앉는 소리마저 들리는 것 같은 고요한 길을 시나왔는데, 눈 깜짝 할 사이에 시장통 한가운데로 던져진 상황이었다. 더 기막힌 것은 이 무리들을 앞으로 계속 마주치게 될 거란 사실이었다. 우리는 절망했다.

"그래도 그렇지 순례길에서 대놓고 자가용은 너무한 거 아냐?"
지동차에 탄 사람들이 창을 활짝 열고 몸을 반쯤 내밀고 있다. 차는 보행 순례길 옆으로 보행 속도보다 조금 빠르게 움직였다. 너그럽던 론 아저씨마저 흥분한 듯했다. 우리 보란 듯 승용차가 멈추고 운전자가 내리더니 기지개를 켰다. 순례길 공기를 마시면 이 길을 걸은 거나 마찬가지라는 듯. 차 뒷문이 열리고 젊은 남자 둘과 여자 하나가 따라 내린다.
'저것들이 정말!' 그때 한 여자가 차 뒤로 가 트렁크를 열더니 무언가를 꺼냈다. 보행 보조기였다. 여자가 워커를 잡고 남자 둘은 차에서 나이가 든 여성을 안아 내리더니 부축해 세웠다. 울퉁불퉁 흙 길 위로 보행기를 옮기며 걷는 여인과 여인을 따라 걷는 사람들. 우리는 모두 머쓱해졌다. 론과 데이브가 모두를 대신해 성경 구절로 상황을 정리했다.
"너희는 판단하지 마라."
"내가 너희에게 판단할 권리를 주지 않았으니……."

포블라시온에서 만났던 시슬리아가 생각났다. 삶이 6개월밖에 남지 않았다는 말을 듣고 까미노를 향해 출발했다는 시슬리아. 그녀가 했던 말이 다시 떠오른다. 한 발짝씩 걸을 거라고, 까미노를 걸을 수 있는 것 자체가 행복하다고. 엄마와 아들 딸일 것 같은 저 사람들도 시슬리아처럼 1km도 좋고 500m도 괜찮다는 마음이리라. 걷고 싶어하는 엄마를 따라 나선 아이들처럼, 걷고 싶어하는 언니를 따라 걷는 에바도 어쩌면 지금은 저렇게 워커를, 휠체어를 밀고 있을까? 시슬리아와 에바는 지금 어디에 있을까? 그녀들이 행복하길, 그녀들이 원하는, 그녀들만의 까미노를 걷고 있기를 기도했다.

'까미노까지 99km'라고 새겨진 표지석을 지났다. 순례 관광객에게 너그러워지려고, 최소한 무감해지기 위해 노력 중이다. 우리는 관광객이 단체로 들어갈 것 같은 카페를 감별해내는 기술을 하루 만에 습득했다. 포르토마린Portomarin에 가까워질 즈음엔 시간차 공격을 이용해 관광객이 우르르 몰려나오는 카페로 들어가 여유롭게 쉬는 경지에 이르렀다. 단체 숙박을 받을 수 없는, 작은 알베르게를 찾아내는 기지도 발휘했다. 향수 냄새와 데오도란트 냄새를 피우는 관광객을 따돌리고 미뇨 강이 보이는 리버뷰 숙소로 피신했다.

"오늘 저녁은 내가 요리할게. 오랜만에 실력 발휘를 해보겠어."
루시가 의지를 불태웠다. 단체 관광객을 피해 평화롭게 저녁 식사를 할 수 있었다. 루시가 만들어준 파스타와 토마토 샐러드는 너무 싱거웠다. 우리는 루시 눈치를 보며 수퍼에서 사온 스페인 소금을 몰래 몰래 더 넣었다.
"가족 식사는 정말 오랜만이야. 고마워 루시."
헨드릭은 '또' 감동했고, 감동꾼 헨드릭의 가족이라는 말에 론 아저씨가 감동했다.
"맞다. 우리 정말 가족같네. 까미노 가족. 엄마. 아빠, 아들 둘, 딸 하나."
"뭐야 그럼 론이 내 아빠고 재희가 내 엄마라고? 말도 안돼~!"
데이브는 절규하고 우리는 맥주를 많이 마셨다. 미뇨 강 바람을 맞으며 달빛 산책까지 했더니 자꾸만 화장실 신호가 왔다. 침실에 붙은 화장실이 대체 얼마만이냐며 들락날락 기분 좋게 장을 비웠다. 그날 밤 화장실을 들락거린 사람은 나뿐이 아니었다. 다음 날 아침, 밤새 일어난 장 운동의 원인이 밝혀졌다. 싱겁다며 계속 넣은 스페인 소금. 아니 우리가 소금인줄 알았던 그 하얀 가루 때문이었다.

밥이 주는 위로

#36 포르토마린에서 팔라스 데 레이까지, 25.5km

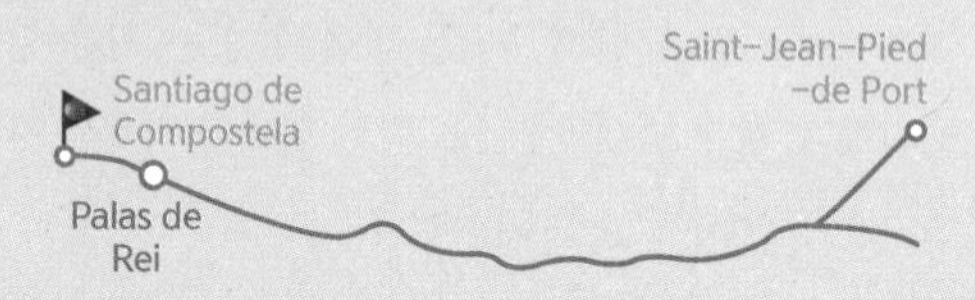

먹는 행위는 사람을 위로한다. 따듯한 밥 한 그릇이라는 말이 상징하는 의미, 엄마 밥의 함의는 한국만이 아니라 캐나다, 영국, 독일 사람들에게도 동일했다. 힘들 때 엄마가 만들어준 무엇이 먹고 싶은 것은 그래서 자연스럽다. 난 어떤 엄마일까? 확실한 건 내 딸이 나와 연결시켜 그리워할 음식은 없을 거라는 사실이다. 엄마로서 음식을 하고 먹이는 일을 등한시했다는 사실이 나를 조금 아프게 했다.

——— "루시, 너 이걸로 요리했니?"
"응. 그거 어제 산 소금이잖아. 저염인가 봐. 어제 좀 싱거웠다며?"
"너 스페니쉬 할 줄 알잖아. 어떻게 이게 소금이야?"
헨드릭을 감동시켰던 정성스러운 루시의 가정식에 들어간 소금은 베이킹소다였다. 루시는 분명히 소금이라고 쓰인 걸 봤다는데 밤 사이 소금에서 베이킹소다로 바뀌는 기적이 벌어진 것이 아니라면 수지는 베이킹소다로 간을 맞춘 것이다.
"어, 이럴 수가. 판매대에서 보긴 소금을 봤는데 엉뚱한걸 집어왔나 봐. 어떻게 해."
"어쩐지 넣어도 넣어도 싱겁더라니."
"나 어제 밤새도록 화장실 들락거렸어. 그거 때문인 걸까?"
"됐어. 이미 다 먹었는데 뭐. 베이킹소다는 먹어도 되는 거야. 맞지? 그럼 됐지 뭐."
론 아저씨는 별거 아니란 투로 배를 쓰다듬었다.
"어쩐지 자꾸만 거품 같은 게 생기는 거 같았어. 집밥은 원래 거품 같은 게 났었나 생각해봐도 잘 기억이 안 나더라고."
헨드릭의 혼잣말에 우리는 단체로 웃어댔다.

베이킹소다로 깨끗해진 몸으로 포르토마린을 출발했다. 아무래도 내 뒤꿈치가 그냥 가라앉아 줄 것 같지않아 떠나기 전에 압박 테이프를 하나 더 샀다. 헨드릭은 발목보호대를, 론 아저씨는 꼬들꼬들하게 굳은 물집 위에 붙일 거즈를 샀다. 이제 모두가 아픔에 익숙해져서 누구도 어디가 어떻게 아프다느니, 물집이 어디 더 생겼다는 말은 하지 않는다. 그저 '당연히 아프지. 안 아픈 사람 어디 있나, 뭐.' 이런 정도의 공감이라고 할까. 그래서 아무리 노력해도 저 관광객 무리에는 좀처럼 마음이 편해지질 않았다.
어제부터 순례자 코스프레 이틀째인 이 사람들은 길바닥 곳곳에서 울상을 하며 고통을 호소한다. 뒤꿈치가 빨갛고 물집이 생겼다고, 너무 힘들다고, 너무 덥다고……. 몰랐냐? 그럼 소란 떨지 말고 그냥 집으로 돌아가든지!

"그쪽 분들은 얼마짜리로 왔어요?"
무슨 말인지 바로 알아듣지 못한 내게 그 아저씨는 또 물었다.
"얼마를 냈길래 그쪽 에이전시는 가방도 맡아주지 않냐고요?"
"저희는 다 개별적으로 온 거에요. 여행사를 통한 게 아니에요."
그는 에이전시 없이도 갈 수 있는 길이란 걸 모르고 있었다. 심지어 사리아부터 콤포스텔라까지 걷는 100km가 순례길 전부라고 알고 있었다. 산티아고에서 지정한 인증 업체 같은 곳에서 이 길을 운영한다고 믿었다.
인증 업체에서 순례를 할 수 있도록 등록해주고순례자 여권 크레덴셜을 말하는 것이다. 거의 모든 곳에서 바로 발급받을 수 있다는 걸 알려주지 않았다니. 요즘 같은 인터넷 시대에 이런 것도 영업 비밀인가? 정해진 순례 일정과 등급에 따라 숙소를 예약해주며정해진 순례 일정이 어디에 있나. 여행사에서 정한 거겠지. 패키지 가격에 따라 호텔, 펜시오네, 알베르게로 나뉜다. 식사를 제공하고알지. 너희가 점령한 식당에 가기 싫어서 우리는 어제 베이킹소다 요리를 먹었다고. 인솔자가 안전을 책임진다.비키니 언니들의 썬번_햇볕으로 심하게 탄 상태 또는 햇볕으로 입은 가벼운 화상_도 관리해주나요?.
'산티아고 순례 패키지 여행'을 하는 사람이 드디어 안쓰러워진다. 사실 이들은 죄가 없다. 성스러운 길을 걷는 특별한 체험 관광을 하고 라틴어로 쓰여진 인증서를 받는 패키지 여행 상품을 택한 이 사람들은 사실 무죄다. 순례길 전체는 800km이며 우리가 생장 피에 드 포르라는 스페인 국경 프랑스 마을에서 걸어왔다는 사실에 경악하는 그를 보며 난 비키니 짧은 팬티 여자들의 향수 냄새를 용서했다. 사실 나는 그들의 향수 냄새가 싫은 게 아니라 산뜻한 샴푸 냄새 옆에서 쾌쾌한 냄새를 풍기는 내가 싫었다. 비키니가 싫은 게 아니라 비키니 옆에서 한달 넘게 입어 찌들은 바지를 입고 있는 게 무안했다. 생수병을 아령처럼 들고 걷는 여자애들은 무죄였다. 오늘 벽이 또 하나 무너졌다.

"가스파초~. 가스파초 먹으니까 엄마 생각나."
"할머니 파이 먹고 싶다. 진짜 맛있게 구우셨는데."
"우리 엄마는 요리에 열정이 많았는데 정말 소질이 없었어."
사람들은 곧잘 음식과 엄마를 연결 짓는다. 이미 엄마인 나도 우리 '엄마표' 닭도리탕이 먹고 싶을 때가 있다. 루시는 엄마가 여름이면 토마토로 만드는 차가운 스프, 가스파초를 자주 해주셨다고 했다. 헨드릭 할머니는 파이를 동네에서 제일 잘 구우셨다. 데이브 엄마는 요리를 잘 못하는 분이다.
먹는 행위는 사람을 위로한다. 따듯한 밥 한 그릇이라는 말이 상징하는 의미, 엄마 밥의 함의는 한국만이 아니라 캐나다, 영국, 독일 사람들에게도 동일했다. 힘들 때 엄마가 만들어준 무엇이 먹고 싶은 것은 그래서 자연스럽다. 난 어떤 엄마일까? 확실한 건 내 딸이 나와 연결시켜 그리워할 음식은 없을 거라는 사실이다. 엄마로서 음식을 하고 먹이는 일을 등한시했다는 사실이 찔려 조금 아팠다.

"이제 나도 요리를 좀 해볼까 봐. 우리 딸은 엄마 하면 생각나는 음식 없을 거야. 그게 미안해."
"꼭 네가 직접해야 해? 함께 좋아하는 음식점을 자주 가면 되지."
"나도 론과 같은 생각이야. 우리 엄마는 음식에 정말 재주도 없는데 너무 시도를 많이 했거든. 차라리 맛있는 식당에 데려가 주면 좋았을 텐데."
"맛있는 식당을 찾아서 자주 데려가. 그게 더 좋아."
그런가? 좋은 엄마는 마음을 따뜻하게 해주는 요리를 해준다거나 '엄마표' 음식이 하나쯤은 있어야 한다고 생각했다. 어쩌면 이런 생각도 실은 진부하고 구태의연한 것일지도 모른다고 억지로 내게 위로를 안겼다.

"우리 오늘 저녁은 멋진 식당에 가서 먹자."
"베이킹소다는 더 이상 먹고 싶지 않아. 흐흐흑."
"오늘은 진짜 요리로 위로 받고 싶어."
"팔라스 데 레이는 문어 요리가 맛있대. 관광객으로 드글드글하겠지만 그래도 굴하지 말자."

팔라스 데 레이Palas de Rey까지 길은 평탄했지만 언제나 그렇듯 마지막은 힘에 부쳤다. 음식이 사람에게 얼마나 어마어마한 위로를 안기는지 우리는 지칠 때마다 먹을 것을 주제로 대화를 나눴다. 먹는 얘기만으로도 마음이 편해졌다. 관광객들과 어깨를 겨루어 그 동네에서 제일 맛있다는 문어요릿집 자리 쟁탈전에서 승리했다. 세상에서 두 번째로 맛있는 찐 문어 요리와 렌틸스프를 먹었다. 얼마나 맛이 있던지 내게 필요한 깨달음을 얻었다.
'좋은 엄마 노릇을 하려면 맛집을 많이 알아야 하느니라.'
길이 이제 편안하다.

피를 나누지 않았다고 가족이 되지 못할 이유는 없다

#37 팔라스 데 레이에서 리바디소 다 바이쇼까지, 27km

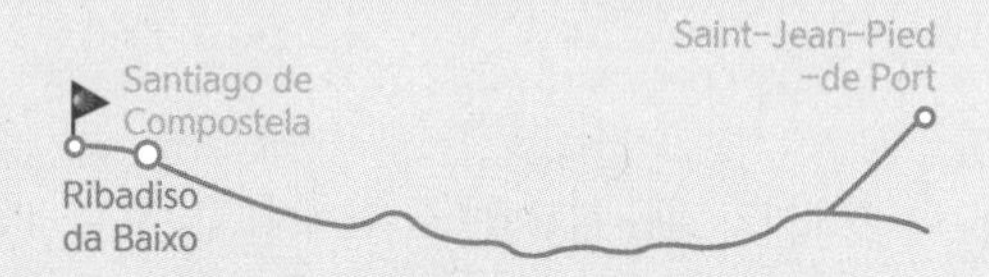

족욕을 하면서 나는 가족에 둘러싸여 있다고 느꼈다. 미국과 영국, 캐나다와 독일, 한국에서 온 사람이 각자의 답을 찾는 여정에서 만나, 함께 걸으며 응원하고 위로를 건네고 아픔과 상처를 나눴다. 감춰야 했던 비밀도 선선히 나누어 가졌다. 피를 나누지 않았다고 해서 가족이 되지 못할 이유는 없었다.

———— 이제는 자연스럽다. 준비를 마친 론 아저씨와 헨드릭은 내가 신발끈을 조이는 것을 바라보며 기다려준다. 루시가 아침 먹을 장소를 알아보는 동안 데이브는 주변을 돌며 흥얼흥얼 노래를 한다. 34일차 순례길 아침이 낯설도록 달라졌다. 불과 3일전만해도 우리는 "부엔 까미노" 인사를 남기고 각자 떠나던 사람들이었다. 이제 그 모습은 언제였나 싶고 서로를 까미노 가족이라고 부르는 다섯 명이 함께 아침을 시작한다.

"우리는 정말 까미노 인연인 거 같지 않아?"

"까미노 인연? 너랑 데이브 말하는 거야?"

루시는 까미노 가족, 인연이라는 말을 자주했다. 데이브를 좋아하는 건 이미 다 눈치챘고, 그래서 자꾸만 운명적으로 연결된 관계라는 주장을 하고 싶은 건가 짐작했다.

"자꾸 놀릴래? 그런 거 말고. 우리 다섯 명 말이야. 산티아고 길에서 필요한 걸 얻게 해주는 사람을 까미노 인연이라고 한대. 못 들어봤어?"

듣고 보니 그렇다. 애초에 나는 이 길에서 나만의 시간을 보내려고 했다. 지금은 내 인생에서 잠시 멈춰 지난 시절을 성찰하는 시기라고 생각했다. 막연히 앞으로 걸어갈 길을 그려보고 싶었다. 그런 건 혼자 하는 것이라고 믿었다. 어떻게든 사람들을 피해 혼자 걷고 혼자 보내기 위해 노력한 걸 생각하면 지금도 유치해서 웃음이 난다. 다 소용이 없었던 걸 보면 이 사람들을 통해 정말 내가 얻어야 할 가르침이 있는 건 아닐까?

"처음 듣는 말인데 말 되네. 내가 너희들한테 배워야 할게 있나 봐. 그래서 자꾸만 만나게 되는 같아. 죽을 힘을 다해 따로 걷겠다고 헤어져도 자꾸 만났잖아. 요즘 시대에 그런 메모 남겨서 만나게 된 사람이 우리 말고 또 어디 있겠어. 인연 맞나 봐."

"내가 원하는 건 어디 속해 있다는 느낌이었거든. 너희들한테 오랜만에 가족을 느껴. 따스한 기분으로 정말 힐링 받는 중이라고."

루시는 8학년 때부터 혼자였다고 했다. 엄마 아빠가 이혼하면서 동생은 엄마와, 루시는 아빠와 살았다.

"아빠는 여자 친구도 없었어. 엄마는 만날 때마다 남자 친구가 항상 바뀌었는데."

"루시 엄마 완전 매력적이신가 봐. 부럽다. 남자 친구도 많고 가스파초도 잘 만드시고."

쓸쓸해 보이는 루시를 어떻게든 위로하고 싶어 오버했는데, 하고 나니 더 어색했다.

루시는 일년에 한 번은 아빠를 보려고 노력한다고 했다. 그때 사정이 되면 동생이 합류해서 모처럼 얼굴을 본다고. 가족 중에 동생과 가장 자주 연락하는 편이지만 그래 봐야 일년에 두어 번이라고 했다. 루시 아빠는 타고난 독신 체질이라 혼자 사는데 최적화된 생활을 하시니 걱정이 없고 엄마는 만난 지 한참 되었다며 스마트폰을 들어 보여준다.

"그래도 요즘은 이게 있잖아. 페이스북을 하니까 어떻게 지내는지 다 알지. 몇 번 페이스타임도 시도해봤는데 별로 할말이 없으니까 어색하더라."

하루에도 몇 번씩 듣던 까미노 가족이라는 말이 조금 식상했는데 루시 말을 듣고 보니 이젠 듣기 좋을 것 같다. 내가, 그녀가 오랫동안 원하던 기분을 만들어주는 사람 중 하나라는 게 감사했다.

"재희. 그리고 사실은 말야. 우리 엄마는 가스파초 만들어 준 적 없어."

"잉? 무슨 소리야 여름마다 엄마가 만들어줬다며. 엄마 생각난다고……."

"아빠랑 칠레로 이사 갔을 때 처음 먹어봤어. 일 도와주던 언니들이 여름 내내 만들어주더라. 근데 그때는 엄마가 너무너무 보고 싶을 때였거든. 지금도 가스파초를 먹으면 그 여름이 생각나. 엄마가 보고 싶어지기도 하고. (하하하!) 그러니까 네 딸한테 너무 미안해할 필요 없어. 네 딸은 엄마랑 같이 살잖아. 그럼 다 엄마 요리지 뭐."

친구 같고, 동생 같던 루시가 딸처럼 느껴졌다. 그때부터 장난 삼아 마이 도터My daughter라고 불렀는데 루시는 그걸 그렇게 좋아했다. 열 다섯 살 차이니까 춘향이 나이에 낳았으면 루시만한 딸이 있었을 수도 있었겠다.

스페인 날씨는 어쩌면 이렇게 드라마틱한지 5월이 되면서 완전히 여름날이다. 눈 덮인 산을 넘고, 얼음 슬러시 같은 비를 맞았던 게 불과 한 달 전이라는 게 믿기지 않는다. 팔라스 데 레이를 출발해서 멜리데Melide에 도착했을 때는 늦은 점심시간이었다. 멜리데는 문어 요리가 유명하다. 문어 요리는 스페인이 세계 최고라는데 멜리데의 음식점이 스페인 최고 요리 집이면 그 집은 세계 최고의 문어 요리 집인 건가? 예상대로 음식점은 바글바글했다. 관광객에 순례자 할 것 없이 많은 사람들이 작은 체육관만큼이나 넓은 식당을 꽉 채웠다. 오후 2시가 넘었지만 기다리는 줄이 아직 길다. 미리 메뉴를 정하고 상상하며 기다렸다.

"조리법은 별거 없어 보여요. 올리브오일에 소금, 고춧가루뿐이잖아. 왜 이렇게 맛있지?"

"말캉말캉 너무 부드럽다. 문어를 찌는 방법에 비법이 있나 봐."

발음하기도 어려운 음식점, 풀베리아 에제퀴엘Pulberia Ezequiel의 문어 요리는 그대로 입에서 사르르 녹는 느낌이다. 헨드릭이 접시를 들어 요리조리 돌려보고 론 아저씨도 음미하듯 하나씩 집어 다시 먹어본다. 데이브가 손가락을 튕기고 눈을 크게 뜨더니 들어간 특별 소스를 알아낸 것 같다고 했다. 뭔데?

"그건 바로 바로 베에에이이킹소오오다. 베이킹소다!"

어이없다는 표정을 짓는 루시를 바라보며 까미노 가족은 뒤집어지게 웃었다.

멜리데를 지나면 전형적인 초원 마을길이다. 초목이 자라고 납작한 검은 돌로 기와를 얹은 시골집이 늘어선 마을에는 가축을 돌보는 목동이 있다. 날이 더워지면서 오후에 길을 걷기가 힘들어졌다. 해가 지기 시작할 무렵에 리바디소Ribadiso da Baixo에서 하루를 마감하기로 했다. 아르수아Arzua까지 가자는 루시를 헨드릭이 설득했다.
"여기 족욕탕 있어. 기회를 놓치고 싶어?"
그럴 수는 없었다.

"마티는 내 남자 친구였어."
족욕탕에 둘러앉아 맥주와 감자 칩을 먹는 중이었다. 알아 들었다. 헨드릭은 이성애자가 아니다. 헨드릭은 감자 칩을 집었던 손을 바지에 문질러 닦고 스마트폰을 열어 사진을 보여주었다. 다정하게 뺨을 맞대고 웃는 청년 둘. 헨드릭으로 보이는 날렵한 미남 옆에 짙은 회색 니트를 입은 사람이 마티일 것이다.
"마티를 보여주고 싶었어. 함께 걷고 있는데 너희와 인사를 못했잖아."
루시가 헨드릭의 휴대폰을 쓱 가져다가 웃으며 액정을 들여다본다.
"하이, 마티~."
루시는 인사를 마치고 내게 휴대폰을 넘겼다. 나는 루시가 한 그대로 따라 한 후 데이브에게, 데이브도 똑같이 하고 론에게 전달했다. 이제 론이 인사할 차례였다. 론 아저씨는 액정을 들여다봤다. 한참 동안 말없이 사진만 보는 론이 괜히 조마조마했다. 숨을 죽이고 족욕탕에서 발을 넣다 뺐다를 반복했다.
"하이, 마티~!"

급기야 입을 떼고 인사를 건넨 론은 헨드릭과 액정을 다시 번갈아 보며 말했다.
"헨드릭, 이게 진짜 너라고? 대체 어쩌다 이렇게 된 거야? 넌 다시 이 모습으로 돌아가야 해. 마티가 이래서 널 못 알아본 거야. 이렇게 달라졌으니 어떻게 알아보겠냐고."
론 아저씨 덕분에 무거워지던 공기에 휘익, 숨통이 터지고 우리는 낄낄거릴 수 있었다. 40파운드나 체중이 늘었다는 사람이 할 얘기는 아니라면서 우리는 일제히 론을 공격했다. 20kg이 늘어난 헨드릭과 론의 다이어트를 화제 삼아 키들거리는 방식으로 우리는 어렵게 드러내준 동성애자 헨드릭을 껴안았다.

마티가 헨드릭의 '베프'인지 동성 애인인지는 중요한 사실이 아니다. 마티는 나의 돌아가신 아버지처럼, 론의 떠나간 부인처럼, 루시의 엄마처럼, 헨드릭이 품고 있는 아픔이자 소중한 사람이다. 이성애자든 동성애자든, 슬픔을 감추며 극복하려 애쓰는 루시나, 아픔을 내놓고 위로 받는 헨드릭이나 우리는 길에서 답을 찾고 있을 뿐이다.
족욕을 하면서 나는 정말 가족에 둘러싸여 있다고 느꼈다. 미국과 영국, 캐나다와 독일, 한국에서 온 사람이 각자의 답을 찾는 여정에서 만난 가족. 우리는 함께 걸으며 응원하고 위로를 건네고 아픔과 상처를 나눴다. 감춰야 했던 비밀도 선선히 나누어 가졌다. 피를 나누지 않았다고 해서 가족이 되지 못할 이유는 없었다.
"헨드릭 고마워. 이제 마티 사진 몰래 보지마."

사랑의 힘
혹은 그들의 고해성사

#38 리바디소에서 페드로우조까지, 23km

우리는 사랑 받기 위해선 어떤 자격이 필요하다고 생각한다. 하지만 사랑 받기 위해 꼭 영웅이 되거나 무언가를 베풀거나 유쾌한 유머를 구사해야만 하는 것은 아니다. 자격이 있어서 사랑 받는 것이 아니라, 능력이 있어서 사랑 받는 것이 아니라, 사랑을 받게 되면서 매력이 넘치고 능력도 발휘할 수 있다는 것을, 우리는 늘 잊고 살아간다.

———— 해가 중천이다. 이렇게 늦은 출발은 처음이다. 실은 의도한 늦장이었다. 사리아 이후 까미노를 습격한 단체 순례 관광객을 피해야 했다. 그들은 마치 메뚜기 떼처럼 지나가는 모든 마을을 초토화시켰다. 카페와 바에 빈 테이블이 없었고, 그들이 먹고 마시느라 북적이는 상황을 견디며 긴 줄을 서서 기다려야 했다. '견뎌야 하느니라'를 수없이 외쳐봐도 상황에 좀처럼 적응하지 못했다. 그러다가 용케도 '메뚜기 떼'를 피할 수 있는 최적의 시간대를 알아냈다. 관찰결과 메뚜기 떼의 첫 이동 시간은 아침 8시 전후였다. 단체 행동의 룰은 참가자가 아닌 관리자의 편의에 따라 정해지기 마련이다. 서너 시간 후는 관리자가 정한 점심 및 휴식 시간이고 다시 서너 시간 후에 하루를 종료한다. 우리는 그 사이를 공략하기로 했다.

아르주아를 지나는데 누군가에게는 지혜의 벽Wisdom wall으로 불리길 기대했을 설치 미술이 나타났다. 관광객이 쉬어 감직한 바의 벽면을 장식하기에 매우 적절한 것이었다.
'당신은 깨어있습니까?'
'진정 깨어난 사람이라면 인위적으로 타인에게 깨달음을 강요하지 않습니다.'
어쩌고 저쩌고 블라 블라……. 까미노에서 한번쯤 생각해 볼만한 화두를 영어와 스페인어로 오렌지와 노란색 코팅 지에 담아 주르룩 걸어놓았다. 생뚱맞다. 산티아고가 겨우 40km 남았는데 새삼스러웠고 저들의 지혜의 말씀이야 말로 강요 같았다. 하지만 그건 내 생각일 뿐이다. 고데기로 머리 손질까지 마친 순례객 몇몇은 설치미술가의 의도대로 매우 감동한 눈치였다.

유칼립투스 숲 나무는 새잎으로 반짝거렸다. 관광객과 점심시간이 겹치는 사태를 피하기 위해 우리는 살세다Salceda까지 가기로 했다. 노점에서 과일을 사 먹으며 걸었다. 스페인 대추는 하나가 아이의 주먹만큼이나 컸다. 알이 커다란 대추를 먹다가 데이브가 놀이를 제안했다. 일명 대추씨 뱉기 놀이.

"여기서 씨를 제일 멀리 뱉는 사람이 이기는 거야"

"오케이."

"1유로씩 걸자."

데이브의 제안에 론과 헨드릭 셋이 게임에 돌입했다. 남자들이 태생적으로 여자들보다 경쟁 상황을 즐기는 걸까? 한국에서도 자투리 시간을 이용해 내기를 하는 사람들은 남자들이었다. 다 큰, 다 늙은 어른들이 모자에 동전던지기를 하고 심지어 재미로 하는 당구, 골프, 탁구 게임도 내기가 없으면 심심하다고 말하는 사람은 주로 남자이다. 언젠가 에너지가 남으면 이 주제로 한번 연구해봐야겠다고 중얼거리던 나는 심판을 맡았다.

풋~ 핏~ 퓹~ 헨드릭의 승리.

데이브가 '한번 더'를 외쳤다. 우적우적 대추를 하나씩 급히 먹는다.

핏~ 퓹~ 풋~! 이번에도 헨드릭이 제일 멀리 보냈다.

연패를 당한 데이브가 막판 뒤집기 기회를 잡으려고 핑계를 댄다.

"여자들이 빠져서 무효야. 가족 게임인데 전체가 참가해야지. 다같이 딱 한번만 더해."

"그냥 그만해. 헨드릭이 너무 잘해. 다시 해봐야 안될 거야."

어제 저녁 헨드릭의 커밍 아웃 이후 루시는 막내 편을 드는 큰 누나처럼 헨드릭에게 더 다정하게 굴었다.

"루시 말대로 그만하자. 게다가 난 대추 먹고 씨도 다 버려서 없어."

내 말이 끝나기도 전에 데이브는 대추 하나를 내게 건네더니 자기는 냉큼 땅바닥에 뱉어버린 씨를 다시 집었다.

"으으윽! 더러워. 말똥 새똥 양똥 소똥 사람똥 다 굴러다니는데!"

루시는 자지러지고, 데이브는 억울한 표정으로 진지하게 대추씨를 들어 보였다.

"내가 오면서 잘 봤어. 정말이야. 여긴 똥이 없는 길이었다고!"

등나무 꽃 아래에서 펼쳐진 파이날 게임도 데이브가 꼴지, 헨드릭의 완승으로 끝났다.

"스페인에 시에스타가 왜 있는지 완전히 이해했어."

오후 1시가 넘으면서 열기가 더 높아졌다. 땡볕 아래 걷다가 녹아버리지 않기 위해 시에스타를 지키기로 했다. 살세다Salseda 카페로 피신했다. 지금 주문해도 되는 건 하나도 없다며 여주인이 활짝 웃는다. 목이 마르고 배가 고픈 우리는 시럽이 잔뜩 들어간 아이스티와 사이다, 콜라를 주문했다. 입이 너무 달아서 맥주를 마셔야 했고, 해가 너무 뜨거워 다시 맥주를 주문했다. 우리가 측은했는지 아니면 올라가는 매상에 고무된 건지 여인은 찐 달걀을 잔뜩 넣은 국적 불명 샐러드를 만들어줬다. 샐러드가 너무나 맛있어서 우리는 더 많은 맥주를 마셔야 했다. 맥주를 마시면 누군가 고해를 시작한다. 아무래도 맥주는 성당 고해소 앞에서 팔아야 할 음료인 것 같다.

"난 어릴 때부터 제일 큰 형이었어. 영웅이 되겠다고 결심했지. 소방학을 전공하고 일찍 소방관이 됐어. 그 후 30년동안 난 누군가를 돕는 사람이었어. 그래야 한다는 강박감이나 의무감에 차있던 거 같아. 처음에 까미노가 힘들더라고. 왜냐하면 여기서는 내가 전혀 도움이 되지 않는 사람인 거야. 스페인 말도 못하지, 왕방울만한 물집은 여기저기 생기지, 끙끙대는 처지에 남을 챙길 여유도 없고 젊은

사람들처럼 민첩하지도 않으니까. 언젠가부터 그냥 되는대로 따라다니고 있다는 걸 깨달았어. 근데 의무감이 없어지니까 그냥 편하더라. 도울래야 도울 능력이 없는 사람이 된 후 저절로 짐을 벗었나 봐. 도움을 주지 못하는데도 날 좋아해 주는 친구들. 너희들이 내가 만난 천사들이고 나의 까미노 기적이야. 아무짝에도 쓸모 없는 엉클 론인데 나와 함께해줘서 너무 고마워."

"론. 쓸모 없다니 말도 안돼요. 난 처음부터 오늘까지 계속 론을 의지했는데."

"데이브 말이 맞아요. 저도 론 아저씨처럼 편하게 만들어주는 사람을 만난 적이 없어요."

첫 번째 고해자 론은 데이브와 루시의 애정 고백을 뒤로하고 카페 여인이 양보한 안락의자에서 낮잠에 들었다.

"난 첫날부터 론과 함께였어. 론, 마이클, 웨인 다 할아버지들이었지. 진짜 할아버지들은 아니지만 하여튼. 초반에 사람들은 나한테 왜 나이 많은 사람들하고만 다니냐고 물었어. 지루하지 않냐고. 전혀 아니었어. 난 아무것도 이룬 것이 없고, 가진 게 없고, 미래는 불안하고 좀 화가 난 상태였거든. 세 사람과 걷는데 뭐랄까 사람들이 너무나 안정되어 있는 거야. 이룬 것도 많고 아는 것도 많은데 너무나 겸손하고. 특히 론이 그랬어. 론과 얘기하면 모든 게 다 해결되는 느낌이었어. 마이클이 다쳐서 떠나고 다시 웨인마저 까미노를 포기할 때 정말 아쉬웠지만 솔직히 론이 남아서 다행이라고 생각했어. 너희도 다 좋은 친구들이야. 마이 시스터 루시, 까미노 마미 재희, 그리고 새로 생긴 브라더 헨드릭. 다 좋은 친구들이지만 론은 정말 특별해. 론은 말야 나에게는 그냥 까미노 그 자체야."

우리는 사랑 받기 위한 자격이 필요하다고 생각한다. 사랑 받기 위해 영웅이 되거나 무언가를 베풀거나 유쾌한 유머를 구사해야만 하는 것은 아니다. 스스로 아무 쓸모가 없는 사람이라고 했지만 론은 우리에게 늘 튼튼한 보호막을 제공했다. 그는 복잡한 상황을 한마디로 혹은 아무 말 없이 그냥 존재만으로 간단하게 우리를 어려움에서 빼내줬다. 데이브는 아무것도 가진 게 없는 불안한 사람이라고 했지만 우리는 그와 함께 있을 때 순수한 즐거움을 선물 받았다. 노래를 흥얼거리고 똥 묻은 씨앗을 입에 물고 큰 키로 그늘을 만들어주고 특유의 위트를 던지면서. 론과 데이브가 정말 그런 능력을 가진 건지 아니면 우리가 아끼기 때문에 보호와 즐거움을 만들어주는 능력을 갖게 된 건지 잘 모르겠다. 생각해보면 후자일 가능성이 높다. 자격이 있어서 사랑 받는 것이 아니라, 능력이 있어서 사랑 받는 것이 아니라, 사랑을 받게 되면서 보호자의 자격이 생기고 웃게 하는 능력자가 된다.

두 번째로 고해를 마친 데이브가 길다란 소파를 끌어왔다. 우리는 나란하게 앉아 론이 안락의자에서 낮잠 자는 모습을 바라보다가 까무룩 잠이 들었다. 얼마 후, 해가 순해졌다는 여인의 말에 함께 일어나 다시 걸었다.

산티아고를 앞두고 또 한 방 맞았다

#39 페드로우주에서 몬테 도 고조까지, 15.5km

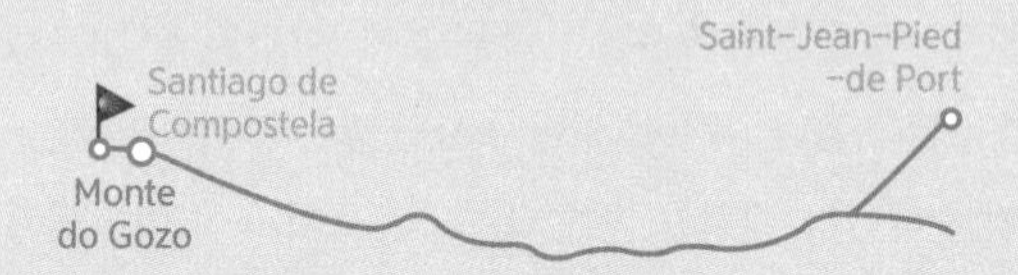

북쪽 루트를 걸어온 그의 눈에 나는 쉬운 길을 택한 사람, 적어도 자기와 같은 순례자는 아닌 것이다. 나는 메뚜기 떼라며 단체 관광객을 무시했고, 그는 급이 낮다며 나를 무시했다. 까미노는 한 사내의 입을 통해 나의 허영과 교만을 집어내 코앞에 들이댔다. 산티아고를 겨우 10km앞두고 무방비 상태로 강력한 펀치를 한 방 맞았다.

———— "먼저 출발할게. 산티아고에서 다시 만날 수 있기를. 부엔 까미노. 재희."
콤포스텔라에 도착하는 날. 마지막이라는 생각에 늦게까지 뒤척이다가 새벽 일찍 눈을 떴다. 마지막 길은 혼자 걷고 싶었다. 미리 말하지 않은 것이 마음에 걸려 메모를 남기고 아직 얼굴도 보이지 않는 해보다 먼저 출발했다.
나는 왜 이 길을 걸었을까? 무엇이 나에게 그 동안 모든 아픔과 어려움을 견디게 했을까? 아무 확신 없이 떠나온 길이었지만 막연히 산티아고에 도착하기 전에는 희미하나마 어떤 대답을, 이유를 알게 될 거라 짐작했었다. 하지만 그런 건 없었다. 천둥 치는 자각이나 하늘이 준 소명 같은 건 애초에 없는 거였다. 아무런 해답도 없이 길이 끝나고 있었지만 해답이나 깨달음 따위에 더 이상 아무런 아쉬움도 없었다.

텅 빈 우주에서 혼자 남겨진 것 같았던 까미노 길을 걸을 수 있었던 것으로 충분하다. 나는 이 길에서 중학생이던 나를 만났다. 흙먼지로 빽빽해진 머리카락이 메세타의 비바람 속에서 뒤엉킨 날이었다. 불현듯 늘 보고 싶었던 친구를 오랜만에 우연히 만난 것처럼, 그때의 내가 정말 벅차서 엉엉 울었으니 그걸로 됐다.
'몰리네세카 길은 또 어떻고? 마치 천국의 정원으로 가는 길에 잘못 들어온 것만 같았잖아. 그 길을 평생 잊을 수 없을 거야. 충분해. 그걸로 정말 충분해.'
까미노에서 불현듯 나타나 나를 통과했던 수많은 우연과 기적 같았던 순간들을 떠올렸다. 언젠가 그 기억이 희미해지겠지만 그렇다고 해서 그냥 사라지는 것은 아니다. 살아오는 동안 많은 아픔과 기쁨, 고통과 환희가 나에게 흔적을 남겼듯 까미노도 언젠가 흐릿해 지겠지만 그 자국은 남을 것이다. 엄청난 깨달음을 얻거나 특별한 지혜를 발견한 것도 아니다. 이 길을 걸었다고 내가 다시 태어난 것은 더욱 아니다. 하지만 분명히 느낄 수 있다. 떠나올 때의 내가 아니다. 나는 조금은 다른 사람이 되었다.

중세 순례자가 산티아고에 들어가기 전 더러워진 발과 몸을 씻었다는 라바코야에 산티아고 공항이 있다. 산티아고라는 표지판과 함께 내 머리를 스치고야 말겠다는 듯 비행기가 낮게 날아왔다. 활주로를 오르내리는 비행기와 도시의 소음에 화들짝 겁이 난다. 도시는 고난과 겸허함으로 채워온 길 위의 삶을 순식간에 보잘것없는 것으로 만들어버린다. 점점 심해지는 무릎 통증과 뒤꿈치 고통을 대가로, 하루 한 알로 줄였던 이부프로펜을 다시 두 알씩 먹으면서 그렇게 고통과 외로움을 겨우 견디며 당도하게 될 곳이 사실은 얼마든지 간편하게 비행기로 들고 나는 장소라는 사실에 어쩔 수 없는 배신감이 들었다. 경건한 결말까지는 아니라도 까미노의 한적함, 고요함이 이어졌으면 하는 나의 바람은 이루어지지 않을 것이다.

'이대로 10km만 가면 끝나는구나.'
사무치게 서운해지는데 마침 폭우가 쏟아졌다. 산티아고의 문Porta de Santiago. 이름이 그럴듯한 카페였다. 비도 피하고, 끝이 가까워질수록 아쉬워지는 마음을 다스릴 겸 카페로 들어갔다. 단체 보행자들로 실내는 이미 만원이다. 빈 자리를 찾다가 후줄근한 복장에 꾀죄죄한 배낭을 옆에 둔 남자가 레이더에 걸렸다. 깃털도 같은 깃털을 알아보는 법. 다가가 함께 앉아도 되는지 물었다. 그가 나의 행색을 보더니 반가운 미소를 지었다. 까미노는 그런 곳이다. 더럽고, 피곤에 절고, 행색이 남루할수록 환영 받는 세상에서 유일한 곳. 공항 소음에 쪼그라들었던 마음이 다시 펴진다. 그래 여긴 까미노라고!
그때까지만 해도 그와 내가 같은 마음이라고 생각했다. 이를테면 '이제서야 메뚜

JUAN PABLO II,
PEREGRINO
EN
SANTIAGO
DE
COMPOSTELA

기 떼 사이에서 진짜 순례자를 만났군요.' 뭐 이런 동지애 같은 것 말이다.

"이룬Irun에서 시작했어요?"
"이룬? 저는 생장 출발이에요."
그의 얼굴에 존경심이나 동지애는 사라지고 약간의 실망감이 비친다. 생장이라는 말에 이런 반응은 처음 있는 일이었다. 생장은 감히 사리아가 말을 걸 수도 없었으며, 레온을 쉽게 제압했고, 부르고스를 무릎 꿇게 했다. 팜플로나마저 부끄럽게 한 그런 이름이 아니던가.
"아, 프랑스길을 걸었군요. 수월한 길이지만 사람 많고 너무 복잡해서 원. 길이 합쳐진 후로 정말 끔찍했어요. 순례길이 아니라 시장통이던데."
북쪽 길 루트를 걸어온 사람의 눈에는 내가 메뚜기 떼가 지나는 길로 온 사람이란 것을 깨달았다. 물론 수트 케이스를 관광 버스로 배달시키며 힙색을 걸치고 다니는 비키니 족과 같지는 않겠지만 그의 입장에서 보자면 나는 평이하고 누구나 걸을 수 있는 쉬운 길을 택한 사람, 적어도 자기와 같은 순례자는 아닌 것이다.
마지막 날까지 까미노는 나의 허영과 교만을 집어내 코앞에 들이댔다. 안 그러려고 하면서도 좁아터진 소견으로 끊임없이 사람을 가르고 재단했었다. 사리아부터 걷는 단체 순례자가 나만큼 힘들지 않았다고 해서, 문명의 편리함을 사용하는 그들에게 불평을 쏟아냈고 은근히 멸시했다. 내 기준이 절대적인 것인 양 말이다. 프랑스 순례길이 마치 시장통같이 순례길답지 않다는 그의 말이 부당하다면 '순례 코스프레 메뚜기떼 관광객'이라는 나의 정의도 저들에게 부당하다.
몸을 씻는 샘물이 흐르던 마을이 공항 도시로 변한 것을 탓한 마음도 어쩌면 욕심 때문이었다. 훨씬 제한된 사람에게만, 나를 포함시키되 가능하면 극소수의 사람에게만 야고보의 길이 허락되기를 바라는 마음이었을 것이다. 마지막 날까지 신비한 체험을 챙겨 넣으며, 고통에 비해 '남는 장사' 였노라 우쭐하던 마음이 산티아고를 겨우 10km앞두고 무방비 상태로 강력한 펀치를 한 방 맞았다.

비는 점점 더 굵어졌지만 이룬 순례자와 더 앉아있기는 불편했다. 걷고 싶었다. 떡갈나무 숲길을 오르면 유명한 언덕 마을이다. 몬테 도 고조Monte do Gozo. 순례자가 처음으로 산티아고를 볼 수 있는 곳이다. 환희의 산이라는 뜻이라고 이룬 순례자가 알려줬다. 환희의 산. 마음에 드는 이름이다.
몬테 도 고조까지 5km 남짓한 산길을 네 시간이나 걸어 도착했다. 예상 시간보다 두 배나 더 걸렸다. 비가 많이 온다는 핑계로 들어간 비야마요르Villamaior 카페에서 길게 식사를 하며 쉰 탓도 있다. 산마르코 마을에서 어이없이 방향을 잃어 되돌아오는데 언덕에 서있는 뜬금없는, 괴상망측한 기념탑이 보였다. 이 구조물이 내 눈엔 우스꽝스러웠다. 아름다움이란 보편적인 것이라 심미안이 없더라도 시선을 잡고 울림을 주건만 그 구조물은 어떠한 울림도 주지 못했다. 탑도 아니고 빌딩도 아닌, 현대적이지도 고색창연하지도 않은, 조각가에게 정말 미안하지만 그저 주정부 예산을 가로챈 '업자들의 농간'에 힘입어 태어난 예산 집행물로 보였다. 내가 건축 전공도 아니고 미술에 조예가 깊은 사람도 아니니까 설사 나의 혹평을 듣는다 해도 작가는 개의치 마시라.
"프라도 미술관에서 도슨트 없이 그냥 훌훌 지나며 걷다가 맘에 드는 작품 앞에 서보면 열에 아홉은 피카소 작품이거나 다른 걸작품이었어." 라며 자신의 심미안을 자랑한 친구가 있었다. 실제로 그런 경험은 누구에게나 일어난다. 천재적 예술가들은 보편성을 구체화하여 보여주는 사람들이니까. 걸작을 저절로 알아볼 수 있듯 저런 종류의 작품들을 한 눈에 구별해내는 것도 당연하다. 내 심미안이 부족할 뿐일지도 모르지만 조각가에게는 미안한 마음을 다시 한번 전한다.

몬테 도 고조는 그런 마을이었다. 조악한 기념비와 지나치게 높고 좋은 이름 탓에 오히려 어이없게 느껴진 마을. 감히 환희의 산이라는 마을 이름에 도저히 동의할 수는 없었지만 난 여기서 쉬기로 했다. 허둥대며 산티아고에 들어가야 할 이유가 뭐란 말인가? 산티아고 대성당의 첨탑이 보이기는커녕 방향도 분간하기 힘든 짙은 구름이 쏟아내는 폭우 속에서 서둘러야 할 아무런 이유가 없었다. 까미노의 마지막 순간을 소중하게 맞이하고 싶다.

납득할 수 있는 '엔딩'이 필요했다

#40 몬테 도 고조에서 산티아고까지, 5km

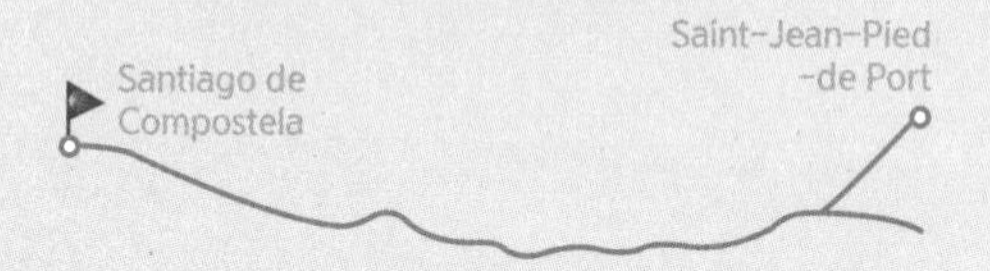

멍청하게 줄을 서서 증명서나 받고 싶지 않았다. 그렇게 어정쩡한 기분으로 순례자 미사에 참석하고 마침표를 찍어버리는 건 지난 37일간 나를 던졌던 길에 대한 예의가 아니었다. 내가 납득할 수 있는 '엔딩'이 필요했다. 순례의 마무리는 다녀와서 해도 늦지 않을 것이다.

——— 빗소리에 잠을 깼다. 산티아고 입성이 산뜻하기를 바랬건만 소망은 이루어지지 않을 모양이다. 생장에서 사리아까지 30일 넘게 매일 비를 맞았다. 잠깐씩이라도 우의를 입지 않은 날이 없었다. 몇 시간 비가 멈춘 것 같아 벗으면 다시 쏟아지는 식으로 4월 내내 '스페인은 비'였다. 5월이 되면서 나흘간 한여름 같은 햇볕이 쏟아졌는데 거짓말처럼 어제부터 다시 주룩주룩 비가 내린다. 산티아고 길에 날씨 운은 지지리도 없는 걸로 생각하고 마음을 비웠다. 몸을 씻으러 들어갔다. 샤워를 하면서 라면 먹을 생각을 하며 콧노래를 불렀다. 배낭 속의 라면 한 봉지. 한국에서 파리 행 비행기를 탔던 날부터 함께 한 라면이었다. 누구 코에 붙일까 싶어 꺼내지 못하고 배낭 안에서 이리저리 뒹굴며 가루가 되어버렸을 진라면 한 봉지를 끓여 조촐한 입성 축하식을 치를 참이었다.

"라면. 아아 라아면. 지금 라면 한 그릇만 먹을 수 있다면 소원이 없겠어."
샤워를 마치고 주방을 지나는데 한국말이 들렸다. 그대로 지나칠 수도 있었는데 왜 그랬을까? 소리가 난 주방으로 얼굴을 넣고 얘기해버렸네. 내게 라면이 한 봉지 있노라고. 그걸 줄 수 있다고.
처음 보는 아이들이다. 팜플로나에서 걸어오는데 3주밖에 안 걸렸다니 믿기 힘든 파워 워킹이다.
"정말 이거 저희 주셔도 돼요? 아, 너무 감사합니다. 천사를 만난 것 같아요."
"어제 술을 많이 마셨는데 아침에 비까지 오니까 도저히 빵이 입으로 안 들어가더라고요."
"라면 생각이 너무 간절했는데 어떻게 라면 얘기하자마자 기적처럼 나타나 라면을 주시다니. 감사합니다. 정말 천사 같으세요."
라면 한 봉지로 네 명의 청춘을 방방 뛰게 만들고 나는 천사가 되었다. 물집 천사에 이어 이번엔 라면 천사.
배낭을 꾸리고 있는데 한 아이가 왔다. 다 끓였다며 함께 아침을 먹자는데 그러고 싶지 않았다. 친구들이 생각났다. 친구들이 보고 싶다.

어제 공항을 지날 때 경험한 생경함은 맛보기였다. 이제껏 큰 도시를 지나며 시달려야 했던 이질감은 아무것도 아니었다. 경건하게, 장엄하게 순례의 절정을 맞이할 거라고 생각했던 건 완전히 착각이었다. 산티아고는 도시 입구부터 당혹스러울 만큼 세속적이고 적나라하다. 슈퍼마켓과 자동차 전시장, 아웃도어 용품점과 중국 음식점을 늘어놓은 거리, 4차선 도로와 입체 교차로까지. 그럼에도 불구하고 비를 맞으며 묵묵히 걷는 순례자들 뒷모습에는 고대하던 성지에 닿는 기쁨이 섞여있었다. 순례자 무리가 현대식 쇼핑센터가 이어진 회색 도시를 알록달록 장식하며 오브라이도 광장을 향해 흘러 들어갔다. 나는 순례자 무리에 섞여 낯설고 무감한 상태로 구시가에 들어섰다.
수도원과 성당, 수백 년 동안 많은 사람을 받아들여 반들반들하게 닳아버린 돌바닥을 걸으면서 비로소 콩닥콩닥 가슴이 뛰었다. 성당 앞 광장으로 통하는 마지막 아치가 가까워질 때 나는 눈을 감고 서서 감정을 모아보려고 애썼다. 37일간의 순례를 끝내기 100미터 전이었다.

"삐이이이이이~."
갑자기 고막을 찢는 소리에 눈을 떴다. 몇 개월 급하게 연습하고 생활 전선에 뛰어든 것이 분명한 어느 아마추어의 백파이프 연주였다. 무자비하게 나의 마지막 순간을 헤집어놓은 생계형 연주자는 아디다스 운동화를 신고 검은 테 안경으로 진지한 분위기를 연출했다. 그는 자기 앞에 놓인 백파이프 케이스로 내 시선을 유도했다. 동전이 몇 개 들어있었다. 날더러 그걸 가져가라는 건 아닐 거고 감히 연주 사례비를 요구하는 듯했다. 눈을 감고 서있는 폼으로 내가 자신의 연주를 감상했다고 짐작했음이 틀림없었다. 연주자 뒤로 광장이 보였다. '오토카레스모스큐라'에서 운영하는 놀이 공원 열차가 관광객을 가득 태우고 광장의 순례자 표식을 밟으며 지났다.

대성당 앞에 섰다. 산티아고 성당은 수리 중이다. 하늘을 찌를 듯 솟은 첨탑이 공사용 거푸집에 의지해 파란색 천막을 뒤집어 쓰고 있다. 성당은 우중충한 하늘을 이고 서서 오브라이도 광장을 지배하고 있었다. 산티아고 성당을 마주하고 나는 망연해졌다.
'끝이야?'
아쉬운 마음에 성당을 올려다보고, 광장 바닥을 확인이라도 하듯 한 발 한 발 디디며 정성스레 걸어보기도 했다. 눈비가 내리던 날 시작했는데 끝나는 날도 눈비가 내린다. 37일 동안 이 지점을 향해 걸어왔는데 성당은 내게 특별한 말을 건네지 않았다. 광장을 둘러봤다. 북받치는 감동을 주체하지 못하고 엉엉 울며 무릎 꿇고 기도하는 순례자는 없었다. 산티아고 관광객에게 제일 인기 있는 볼거리는 순례자라는데, 오늘 관광객은 나처럼 무덤덤한 순례자만 구경하고 있으니 불운하다고 몽롱해진 마음으로 갈피 없는 생각을 했다. 친구들과 함께 도착했더라면 달랐을까? 차라리 어제 올걸 그랬나? 서로 포옹을 나누고 기쁨의 인사를 나누는 순례자들 사이에서 담담하게 나도 몇 장 사진을 찍고 사진을 찍어주었다.

순례자를 위한 축복 미사는 매일 12시에 열린다. 그때까지 시간이 남아 있다. 순례자 증서 콤포스텔라를 받아야겠다고 생각했다. 하지만 세상에나! 성당 바로 아래 계단부터 늘어 선 줄이 끝이 보이지 않는다. 흩어져있던 메뚜기 떼의 총동원령이 내려진 듯 했다. 콤포스텔라를 발급하는 빌딩 안으로도 2층까지 구절양장 길이다.

"여기서부터 두 시간 걸린대요."

빌딩 바로 바깥에 선 여자는 내가 가로채기를 시도하는 줄 알았는지 묻지도 않은 말을 건네며 내 앞을 막아 섰다. 그녀는 '나는 너를 주시하고 있어. 꿈도 꾸지 마'라는 표정이었다. 여자의 의기양양하고 무례한 눈빛이 어떤 작용을 일으켰는지 산티아고에 도착한 순간부터 작동하지 않던 머리와 가슴이 한번에 활동을 재개했다.

'가보자. 세상의 끝이라고 했다지. 거기로 가자. 갔다 와서 끝내는 거야.'

멍청하게 줄을 서서 증명서나 받고 싶지 않았다. 그렇게 어정쩡한 기분으로 순례자 미사에 참석하고 마침표를 찍어버리는 건 지난 37일간 나를 던졌던 길에 대한 예의가 아니었다. 내가 납득할 수 있는 '엔딩'이 필요했다. 순례의 마무리는 다녀와서 해도 늦지 않을 것이다.

그리고 피스테라

#41 땅끝, 더 이상 갈 길이 없다

0.00킬로미터.

피스테라엔 까미노의 끝과 시작을 동시에 알리는 표지석이 서 있다. 바다와 등대를 배경으로 선 표지석이 내게 말하는 듯 했다.

'드디어 다 왔어. 이제 더 이상 갈 수 없어. 끝에 온 거야.'

내가 정말 왔구나. 비로소 나의 긴 여정을 끝낼 곳에 와있다는 실감이 들었다.

———— 땅끝이라는 뜻을 품은 피스테라Fis-Terra. 피스테라는 지구가 평평하다고 믿었던 시절 세상이 끝나는 곳이었다. 중세에 그린 그림을 보면 서쪽 땅끝을 지난 검은 바다가 영원한 절벽으로 떨어진다. 옛날 사람들이 땅의 끝, 세상의 끝이라고 믿었던 곳으로 가보고 싶었다. 거기서 땅끝 바다를 향해 앉아 해지는 모습을 바라보는 나를 오랫동안 꿈꿔왔다. 거기서 까미노를 마무리하고 싶었다.

피스테라 해변 마을에서 땅끝 등대로 올라오는 길은 한적했다. 까미노를 걷기 시작하고 내내 나와 함께했던 무거운 배낭을 벗어놓고, 처음으로 워킹스틱마저 없이 맨몸으로 걸었다. 마을을 점점 아래로 밀어내며 높아지는 산등성이엔 노랗고 흰 봄 꽃이 자유롭게 섞여 피었다. 마을에서부터 동네 아이들이 따라온다. 작은 여자아이 둘과 삼학년쯤 되어 보이는 사내아이이다. "올라~!" 대답을 하려 돌아 볼라치면 입을 가리고 깔깔 웃으며 달아났다가 다시 따라오곤 했다. 처음엔 무슨 용건이 있나 했는데 그냥 놀이였다. 모르는 낯선 사람을 뒤따르며 말을 붙이고 그 사람이 뒤돌아보면 다시 달아나는, 그게 왜 재미있는지 모르겠지만 모든 것이 다 놀이가 되는 어린 시절은 내게도 있었다. 나도 까꿍, 하며 돌아보고 그때마다 아이들은 달아났다가 다시 오기를 반복했다.
언덕 중턱에 성당이 있다. 마을 어귀에서 아주머니들이 아이들에게 무어라고 했고 아이들은 손을 흔들어 인사를 하더니 돌아갔다. 아이들이 저녁을 먹으러 집으로 돌아가는 시간, 노을은 몸을 던져 바다로 들어갈 시간, 나는 땅끝 등대를 향해 걸었다.

아틀라스의 바다는 하늘과 마찬가지로 푸르스름하고 뽀얀 빛이었다. 바다가 원래 이렇게 넓었던가? 바다가 넓다는 말이 이상하지만 피스테라에서 본 대서양은, 넓고 크다. 하늘과 바다가 경계 없이 이어져 팽창한다. 서쪽 땅끝의 바다는 끝을 가

늠할 수 없이 높았다. 왜 여기를 세상의 끝이라고 했는지 알 것 같았다. 바다를 지나 또 다른 세상이 있다는 사실을 알면서도 믿기지 않는데, 그들이야 오죽했으랴.

"옛 순례자들은 거기에 가서 신발을 태웠다고 하더라. 신발은 좀 그렇고 난 뭘 태울까 생각 중이야."
순례 파트너를 편하게 보내주는, 각별한 이별식이라는 말에 나도 잃어버리고 한 쪽만 남은 장갑을 가져갔다. 사람들이 무언가를 태웠던 장소로 갔다. 그을음과 버려진 라이터, 지저분하게 남은 흔적을 보니 눈살이 찌푸려진다. 아름다운 곳에 '의미 있는' 쓰레기를 만드는 것 이상도 이하도 아니었다. 게다가, 굳이 그럴 필요가 있을까? 함께 비를 맞고, 눈물을 닦아주고, 내 손을 덮어준 장갑인데 오히려 오래 간직해야 하는 게 아닐까? 반쪽만 남은 장갑이 애틋해져 다시 품에 넣었다.

'0.00킬로미터' 피스테라엔 까미노의 끝과 시작을 동시에 알리는 표지석이 서 있다. 바다와 등대를 배경으로 선 표지석이 내게 말하는 듯 했다.
'드디어 다 왔어. 이제 더 이상 갈 수 없어. 끝에 온 거야.'
내가 정말 왔구나. 비로소 나의 긴 여정을 끝낼 곳에 와있다는 실감이 들었다.

바다로 해가 떨어질 채비를 하고 있다. 해가 지기를 기다리며 한참 동안 바위에 앉아 거친 바다 바람을 맞았다. 세상 끝 바람을 마주해야 하는 곳에는 노란 꽃이 거친 바위 사이사이에 뿌리를 내리고 애틋하게 피어있다. 하늘과 바다를 이어 세상 전체를 비추던 해는 퇴장할 시간이 되자 서둘러 바다로 사라졌다. 이제는 돌아가 내 순례의 마무리를 할 시간이었다. 까미노에서 보낸 시간들이 나를 충만하게 채우며 마침표를 기다리고 있었다. "산티아고로 가자."

마지막 드라마, 콤포스텔라

#42 곧 다시 만날 사람처럼 헤어지기로 했다

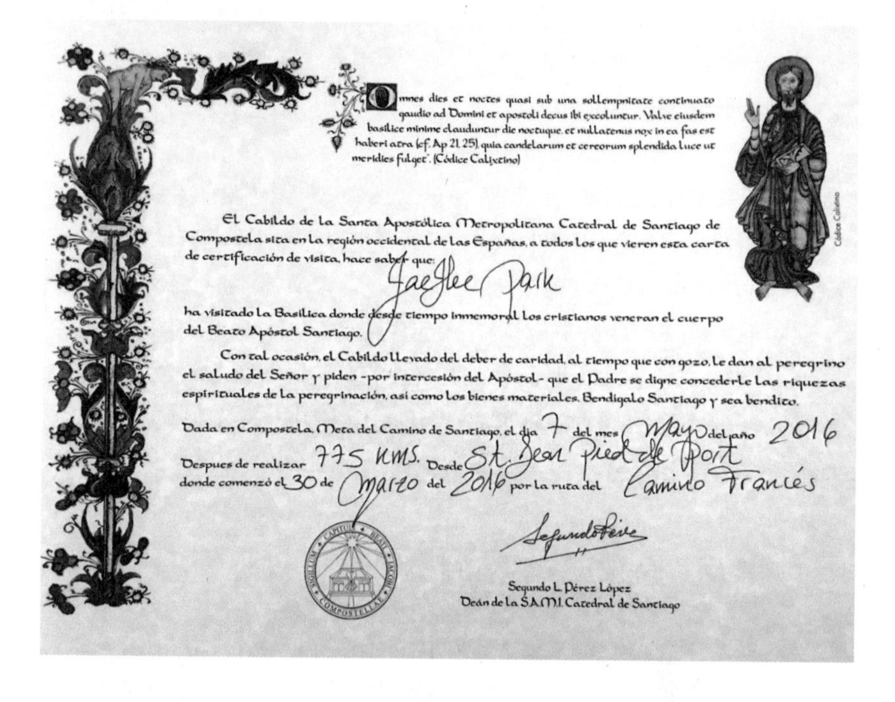

Omnes dies et noctes quasi sub una sollempnitate continuato gaudio ad Domini et apostoli decus ibi excoluntur. Valve eiusdem basilice minime clauduntur die noctuque, et nullatenus nox in ea fas est haberi atra (cf. Ap 21, 25), quia candelarum et cereorum splendida luce ut meridies fulget". (Códice Calixtino)

El Cabildo de la Santa Apostólica Metropolitana Catedral de Santiago de Compostela sita en la región occidental de las Españas, a todos los que vieren esta carta de certificación de visita, hace saber que:

JaeHee Park

ha visitado la Basilica donde desde tiempo inmemorial los cristianos veneran el cuerpo del Beato Apóstol Santiago.

Con tal ocasión, el Cabildo llevado del deber de caridad, al tiempo que con gozo, le dan al peregrino el saludo del Señor y piden -por intercesión del Apóstol- que el Padre se digne concederle las riquezas espirituales de la peregrinación, así como los bienes materiales. Bendígalo Santiago y sea bendito.

Dada en Compostela, Meta del Camino de Santiago, el día 7 del mes Mayo del año 2016

Despues de realizar 775 KMS. Desde St. Jean Pied de Port

donde comenzó el 30 de Marzo del 2016 por la ruta del Camino Francés

Segundo L. Pérez López
Deán de la S.A.M.I. Catedral de Santiago

우리의 마지막 밤은 산티아고 골목 골목을 돌며 3차까지 이어졌다. 밤이 이슥하도록 순례의 시간을 하나하나 불러내었다. 함께 보낸 시간이 생생해질수록 웃음이 잦아들고 말수가 적어졌다. 요란한 계획을 세우며 다음 만남을 기약하지만 우리 모두 알고 있었다. 아마도, 어쩌면 우린 다시 볼 수 없으리라는 것을. 그럼에도 우린 곧 다시 만날 사람처럼 헤어지기로 했다.

———— "버스 탔어?"

"오늘 저녁 모두 함께 하는 거다!"

"식당 예약은 내가 하고 알려줄게."

"버스 몇 시 도착이야? 보고 싶어 모두들."

지리릭~지리릭~. 산티아고로 돌아오는 버스 안에서 연신 휴대폰 진동이 울린다. 30여일 만에 연결된 소셜미디어로 메시지를 주고 받으며 가슴이 두근두근 기분이 좋아졌다. 루시와 론 아저씨, 데이브, 헨드릭까지 모두 저녁을 함께 하기로 했다. 내일 아침 루시는 시드니로, 데이브는 런던으로 떠난다. 론 아저씨도 마드리드 행 열차를 탈 거라고 했고, 헨드릭은 묵시아를 거쳐 피스테라까지 120km를 더 걸어 순례를 연장하겠다고 했다. 같은 길을 걸어온 친구들은 오늘밤이 지나면 모두 각자의 길로 떠난다. 이별의 밤이다.

피스테라의 하늘은 씻어 말린 듯 맑고 바삭바삭했는데 산티아고에는 비가 내리고 있었다. 콤포스텔라를 받으려는 줄은 여전히 길었지만 기다림도 순례 과정의 일부였다. 그렇게 맘을 먹고 줄을 서서 기다리는 풍경이 무슨 대단한 의식이라도 되는 듯 보인다. 줄 선 사람들 대부분이 낯설었다. 아주 드문드문 아는 얼굴이 보일 땐 눈을 두 배쯤 크게 뜨는 식으로 아는 체를 했다.

"오 마이 갓! 다시 만날 수 있으면 좋겠다고 생각했는데!"

갑작스러운 백허그와 함께 소리를 지른 사람은 이사벨이다. 우리가 손을 잡고 스카이 콩콩을 하고, 포옹을 하는 난리 부르스를 사람들 모두가 뭉클한 표정으로 지켜봤다. 이런 소란이 주변 사람에게 행복감을 주는 연유를 정확하게 설명할 수는 없다. 고통의 순례길을 경험한 후에 생기는 공감과 연대감이라도 해두자. 그

무리에 속하지 않고서는 아무리 설명해봐야 이해시킬 수 없는 것이 있는 법이다. 나는 대여섯 사람 뒤에 서 있던 이사벨 자리로 물러나 줄을 섰다. 우리는 함께 라틴어로 된 순례 증명서, 콤포스텔라를 받았다.

이사벨은 포기하려던 마음을 바꾸고 띄엄띄엄 걸었다고 했다. 그녀는 자기 안의 '그 무엇'이 계속 걷게 만들었다며 가슴을 손으로 눌렀다. 미끄러운 돌을 밟아 발목을 다쳐서 오른쪽 발목부터 정강이까지 붕대로 감고 있었다. 절뚝거리면서 걸어온 이사벨이 기특했고 그녀를 계속 걷게 한 '그 무엇'은 눈물겨웠다.

"이사벨. 다치기까지 했는데 어떻게 해냈니. 정말 자랑스러워. 콤포스텔라도 받고."

"내가 다 걸었다는 걸 알면 아줌마도 좋아할 거라는 생각이 계속 들었어요. 만나서 너무너무 행복해요. 순례자 증서 같은 건 필요 없지만 할머니를 생각해서 받았어요. 보았다면 좋아하셨을 거예요."

이사벨의 표정이 밝았다. 지울 수 없다고 몸을 떨던 그녀에게서 무언가가 떨어져 나간 듯 가볍고 맑아졌다.

"아깝다는 생각도 들었어요. 힘들게 해서 자격이 생겼는데 소중히 하지 않는다는 것은 어리석은 것 같아요."

이사벨은 엄마를 한번 만나볼까 한다고 했다. 마음만 먹으면 연락처는 알 수 있다며. 빗속에서 몸을 떨며 흔들리던 모습을 떠올릴 수 없을 만큼 그녀는 여물고 단단해졌다.

"엄마가 왜 그랬는지 한번은 물어봐야 할 거 같아요. 대답을 들을 수 있을지, 제가 괜찮을지는 모르겠지만 그건 미리 생각하지 않을래요. 엄마가 밉지만 보고 싶기도 했어요."

기억 중에 즐거움만 남길 수 있다면 그렇게 하겠다는 사람이 얼마나 될까? 소중한 추억에는 상실의 아픔이 함께 있다. 길을 걷는 고통이 행복을 안겨주었듯 우

리는 상처와 고통을 추억에서 생선가시처럼 발라낼 수 없다는 것을 안다. 이사벨은 그녀의 엄마도 상처받은 사람이라는 생각을 처음 하게 됐다고 말했다. 그리고 엄마가 고통만 준 것이 아니라 사랑도 줬다는 것을 기억한다고.

"순례자 미사 꼭 보세요. 저는 어제 봤는데 정말 좋았어요."

순례 증서를 받고 곧바로 기차를 타야 했던 이사벨과 메일 주소를 교환하고 다시 볼 수 있으면 좋겠다며 눈물 바람을 한 후에야 헤어졌다. 그녀는 친구를 만나러 리스본으로 간다고 했다.

이사벨이 추천해준 호스텔을 찾아 들어갔다. 저렴하고 시설 좋은 알베르게도 있다지만 그런 숙소는 마땅히 순례자에게 돌아가는 것이 옳다! 순례가 끝났는데 순례자 숙소에서 잔다는 것은 반칙이라는 생각이 들었다. 게다가 순례가 끝났다고 생각하니 벙커 베드에서는 단 하루도 더 잘 수 없을 것 같았다.

미리 예약을 하지 못해 혹시나 하는 마음으로 들러봤는데 방이 딱 하나 남았다고 했다.

"럭키 라스트. 마지막 하나를 가지는 사람에게 행운이 넘치리라~."

예전 스페인 축구 대표 선수 다비드 비야와 꼭 닮은 호텔 직원이 너스레를 떨었다.

"행운의 마지막 방을 차지하신 숙녀분, 여권을 저에게 주시지요."

여권. 그래 여권. 순례자 여권이 아니라 진짜 여권. 헉! 그런데 여권이 사라졌다. 어디다 흘렸지? 아득해진다. 콤포스텔라를 받을 때는 순례자 여권만 손에 들고 있었는데. 옷 사이에 있나. 주머니에 들어갔나. 가방을 헤집다가 빠졌나? 없다. 역순으로 되돌려 복기를 해봤다. 버스를 탈 때 내가 여권을 꺼냈던가? 아니. 버스표 살 때도 보여달라고 하지 않았어. 그럼…… 기억이 피스테라 호텔 접수대에서 멈췄다. 자신을 살바토레라고 소개한 남자가 여권 카피가 필요하다고 했지. 복사를 한 후 내가 돌려받았던가? 받았는지 아닌지 기억이 없다. 제발 내 여권이 피스테라에 있어야 하는데! 그 다음 상황은 상상할 수 있는 그대로 어수선의 킹, 왕, 짱이었다.
행운의 마지막 방을 내게 주려던 직원이 피스테라의 호텔로 전화를 했지만 느긋한 주인과 호텔 모두 전화를 받지 않았다. 두 시간 넘게 나는 호텔 커피숍과 리셉션을 오가며 다비드에게 연락이 되었는지 물었고, 다비드는 고개를 저었다. 긴 기다림의 시간이 지난 후 겨우 통화가 되었는데, 살바토레는 오히려 내 여권이 왜 그의 복사기 위에 엎드려 있냐고 물었다나!
덜렁거리기 대장인데다 느긋하기까지 한 스페인 사람들. 살바토레는 연신 미안하다고 했지만 미안하기보다는 재미있어 하는 눈치였고 다비드도 마찬가지였다. 다음 산티아고 행 버스에 태워 보낼테니 걱정 말라는 살바토레에게서 차 번호, 운전자 이름, 도착 시간, 버스 정보를 받는데 수백 년이 걸렸다. 도착에 맞춰 버스 정류장으로 향하며 깨달았다. 정말 운이 좋았구나! 만약 내가 오늘 그냥 알베르게에서 묵었다면 내 여권은 피스테라 복사기 위에 한동안 더 엎드려 있어야 했을 것이다. 순례자 숙소에서는 순례자 여권만 보여주면 되니까, 나는 여권 따위 확인도 하지 않았을 것이다. 아무것도 자각하지 못한 채 산티아고에서 이틀을 보내고, 아무것도 모른 채 마드리드로 갔을테고 공항에서야 여권이 없다는 것을 알았을 것이다. 줄줄이 꼬였을 여정을 생각하며 고개를 절레절레 저었다. 천만다행, 정말 운이 좋았다. 해가 완전히 진 후 마지막 버스를 타고 내 여권이 도착했다. 도대체 단 하루도 드라마가 없는 날이 없다.

산티아고는 기쁨의 순례지다. 그날 밤 우리 말고도 많은 순례자들이 마침내 해냈다는 뿌듯함과 다시 만난 기쁨에 행복해 하며 바와 카페를 가득 채웠다. 길을 걸으며 만났던 많은 순례자들을 그날 밤 모두 만난 것 같다. 얀과 알라이다, 베덱, 매리엔, 한스와 케이트, 에릭과 바바라, 제인을 다시 만났을 때는 모두 함께 강강수월래 춤을 췄다. 상상 속에서 산티아고는, 무릎 꿇고 격한 감정을 쏟으며 감격의 눈물을 흘리는 곳이었지만, 실제로는 손에 손을 잡고 볼과 볼을 비비며 기쁨을 나누는 곳이었다.

루시가 찾아낸 좋은 식당마다 이미 예약이 끝난 상태였다. 우리는 골목 골목을 돌며 마음 가는 대로 들어가 함께할 장소를 찾았다. 파스타와 스테이크에 반주로 1차, 2차로 뱅쇼와 커피를 마시며 이별의 밤을 보냈다. 입으로는 안녕을 했지만 마음은 헤어지기가 아쉽다. 결국 우리는 순례자의 피, 맥주와 와인으로 3차까지 이어갔다. 우리는 그렇게 밤이 이슥하도록 순례의 시간을 하나하나 불러내었다. 함께 보낸 시간이 생생해질수록 웃음이 잦아들고 말수가 적어졌다. 요란한 계획을 세우며 다음 만남을 기약하지만 우리 모두 알고 있었다. 아마도, 어쩌면 우린 다시 볼 수 없으리라는 것을.
"멕시코랑 뉴질랜드 중에서 다수결로 정하자."
"한국으로 와. 제주 아일랜드 검색해봐. 너희들 정말 좋아할 거야."
"그래. 그것도 좋다. 헨드릭 넌 사진 속 그때 모습으로 변신해서 나타나줘!"
"다음엔 파트너를 모두 동반해서 만나자. 어때?"
"좋아. 하여튼 다음 모임은 루시가 정해서 통보하기로 하자."
우린 곧 다시 만날 사람처럼 헤어지기로 했다.

나의 새로운 순례가
막 시작되고 있었다

#43 순례자 미사, 40일 마침표 혹은 출발점

기차역 플랫폼에서 섰다. 기차길이 양쪽으로 지평선까지 뻗어 있다. 철로에 서 있는 Santi-ago 표지판을 바라보며 이제 정말 끝이라는 것을 실감했다. 지난 40일을 떠올려 보았다. 그러다 문득, 완전한 종결이 진짜 시작이라는 자각이 사무쳤다. 길이 끝난 이곳에서 새로운 길이 다시 시작되고 있었다. 이제 가야 할 길에는 노란 화살표가 없다. 어쩌면 끝도 없을 것이다. 스스로 길을 내며, 혼자 걸어야 할 진짜 순례가, 지금 막 시작되고 있었다.

———— 3월 30일, 생장 피에 드 포르, 775km, 5월 7일, 까미노 드 프랑세즈

어제 받은 콤포스텔라를 자세히 들여다 봤다. 라틴어 증명서에 검은 잉크를 찍어 자부심 강한 필기체로 출발 장소와 날짜, 순례 루트와 거리, 도착 일을 써넣던 사무소 남자 얼굴이 떠오른다. 콤포스텔라를 보고 순례 첫날은 걷기 시작한 날이 아니라 순례 시작점 생장에 도착했던 날임을 알았다. 그럼 오늘은 정확하게 40일째가 된다. 40일. 성경에는 예수가 광야에서 40일간 고난을 받으며 사탄의 시험을 겪었다고 했다. 나의 순례 40일과 예수의 40일은 물론 아무런 관계가 없다. 하지만 산티아고에 도착한 날 다시 피스테라로 떠나고 3일을 보낸 후에야, 하필 40일째에 순례자 미사에 참가한다는 것이 조금은 특별하게 느껴졌다.

여유 있게 갔다고 생각했건만 성당은 이미 사람들로 꽉 차 있었다. 벌거벗은 아기 천사들이 앉아있는 파이프 오르간 옆 기둥에 붙어 섰다. 관광버스가 토해놓은 사람들이 셀카봉을 들고 한없이 밀려 들어왔다. 한 발짝이라도 밀렸다가는 그나마 불안하게 서 있을 자리도 없어질 위기였다. 디스크 4번과 5번 사이가 뒤틀린 사람처럼 애처롭게 서서 나는 빨리 미사가 시작되기만을 기다렸다.

천둥 치듯 파이프 오르간이 울렸다. 장엄한 미사가 시작되었지만 내게는 그냥 깜깜할 뿐이었다. 산티아고, 필그림. 딱 두 단어만 가끔씩 들렸다. '좋은 말을 하고 있는 거겠지…….' 다행스러운 게 있다면 오래 같은 자세를 취한 덕분에 삐뚤 자세가 완전히 몸에 익어 아프지 않았다는 점이다. 스페인어, 영어, 독일어, 프랑스어, 아마도 이태리어와 포르투갈어? 나름의 상식과 지식을 짜내서 유럽 언어 감별놀이를 하고 있었는데 갑자기 또렷하게 들린다.

"순례 중 우리가 모든 고통을 이겨낸 것과 같이 고통 당하고 어려움에 처한 이들과 함께 하게 하소서. 우리를 구원하시고 힘을 주소서."

하늘에서 비둘기가 내려와 귀를 열어주는 기적일까 생각한 사람도 있을지 모르겠지만 한국인 수사 신부의 기도였다. 한국인 순례자가 많아져 한국 신부도 미사 집전에 참여하는 모양이다. 모국어란 해석이 필요 없이 그냥 새겨지는 말이다. 그때까지 무덤덤했던 가슴 한 가운데로 뜨겁고 벅찬 기운이 올라왔다.
순례자로 겪은 고통이 칭찬받을 수 있는, 아름다운 이유는 단 하나. 고통을 당하는 자의 아픔을 알 수 있게 되었기 때문이다. '고통을 이겨낸 것과 같이 고통 당하는 이들과 함께 해야 하는 순례자.' 우리는 모두 세상에 온 순례자였다. 그제서야 무감함이 깨지고 펑펑 눈물이 쏟아졌다.
"감사합니다. 저에게 이 길을 눈물로 걷게 하고 고통을 견디게 하였으며 당신 앞에 서게 하였으니 모든 부르심에 감사합니다. 아멘."

미사가 끝날 때쯤 드디어 보타푸메이로에 분향하는 의식을 볼 수 있었다. 성당 천장에 매달려있는 향로, 보타푸메이로에 몰약과 향을 가득 채우고 그것을 태워 분향하는 장면은 산티아고 순례자 미사의 하이라이트이다. 상징적인 의식인데 요즘은 매번 분향 의식을 하지는 않는다고 해서 큰 기대는 하지 않았었다. 펑펑 눈물을 쏟아내고 빨개진 눈으로 수사들이 분향 준비하는 모습을 지켜봤다. 자주색 옷을 입은 수사 여덟 명이 줄을 잡아 당길 준비를 마치자 드디어 향로가 떠올랐다. 향로가 영광스럽게 날아오를 때, 아~, 셀카봉들은 더 높게, 일제히 비상했다.
가장 높은 곳에서는 하느님께 영광, 땅에서는 그분께서 사랑하는 사람들에게 셀카.
영성과 세속은 가까웠고, 감격과 실망의 교차는 일각을 넘지 않았다. 수사들의 성스러운 노동으로 향로는 여러 번 커다란 추처럼 흔들렸다. 성당 안에 향 냄새가 가득해져서 그 누구도 저항할 수 없는 감동을 선사했다. 어쩔 도리가 없이 자꾸만 눈가가 젖어 들었다.
"네. 네. 제가 졌고 당신이 이겼습니다."

겸허한 마음으로 미사를 마치고 성당을 돌아 보다가 진풍경을 목격했다. 야고보 성상을 안아보려는 사람들이 기둥과 기둥 사이를 휘감고 긴 줄을 서있다. 그 줄을 관리하는 사람의 말로 이것은 하나의 작은 참례였다. 지하로 내려가 야고보의 유골이 안치된 성소를 지난 후에 계단으로 올라가 야고보의 성상을 껴안을 수 있다는 것이다. 나는 그게 무슨 의미가 있을까 싶었지만 혹시나 하는 마음으로 긴 줄에 동참했다.
야고보 성인은 대리석과 은으로 장식된 겹겹의 묘석과 쇠창살에 갇혀 있었다. 뒷사람이 밀치기 전에 자리를 떠야 했으므로 나는 찰라 기도를 올렸다. 그리고 계단이었다. 화려한 페인트와 금박을 입힌 야고보 조각상의 뒤통수를 마주했을 때 지금까지 차오른 경건함이 모두 사라질 것 같았다. 내 앞에 선 여인이 조각상을 껴안고 눈물을 흘리며 무어라 중얼거렸다. 사이비 종교가 아니라도 이런 샤먼은 좀 멀리하고 싶다. 야고보의 성상에 손을 대봤지만 솔직히 아무런 울림을 느끼지 못했다. 아멘. 감흥 없이 짧은 기도를 하고 내려왔다. 역시 줄은 서는게 아니었다. 보타푸메이로에서 끝냈으면 좋았을 거라는 뒤늦은 아쉬움과 함께 성당을 나왔다.

산티아고는 떠나는 순간까지 궂은 날씨를 안겨줬다. 15초 아니 10초쯤 활짝 갰던 하늘이 다시 컴컴해졌고 돌풍이 부는가 싶더니 이내 비가 내렸다. 하루에 백번씩 얼굴을 바꾸는 도시를 떠나오면서 다시 그 백파이프 연주자와 마주쳤다. 가지고 있던 동전을 모두 꺼내 그의 케이스에 넣었다. 그의 연주가 3일전보다 특별히 나아진 것은 아니지만 오늘따라 내 귀에는 다르게 들렸다. 그가 있는 힘을 다해 열심히 소리를 내고 있다는 것을 느낄 수 있었다. 진부하고 하찮은 수 많은 삶, 내게 도리어 뭉클했다. 어메이징 그레이스. 놀라운 은총이었다. 나는 생계형 연주자의 음이탈이 생기는 백파이프 연주를 들으며 순례자의 광장을 빠져 나왔다.

기차역 플랫폼에서 섰다. 기차길이 양쪽으로 지평선까지 뻗어 있다. 철로에 서 있는 Santiago 표지판을 바라보며 이제 정말 끝이라는 것을 실감했다. 열차를 기다리며 지난 40일을 떠올려 보았다. 그러다 문득, 완전한 종결이 진짜 시작이라는 자각이 사무쳤다. 길이 끝난 이곳에서 새로운 길이 다시 시작되고 있었다. 이제 가야 할 길에는 노란 화살표가 없다. 어쩌면 끝도 없을 것이다.
스스로 길을 내며, 혼자 걸어야 할 진짜 순례가, 지금 막 시작되고 있었다.

에필로그

두 번째
산티아고

무시아,
또 다른 땅끝

산티아고 순례의 종착지는 이름이 말하는 대로 당연히 산티아고이다. 그런데 산티아고에서 순례를 마무리하는 사람은 의외로 적다. 중세시대에 세상의 끝이라고 믿었던 피스테라로 가거나 또 다른 땅끝, 성모마리아가 발현했다고 알려진 무시아Muxia로 향한다.

내가 무시아에 도착한 날은 비바람에 진눈깨비가 섞여 날이 험했다. 궂은 날씨에 마을을 돌아보려던 계획을 포기하고 숙소에 남아있던 줄리를 만났다. 이른 오후부터 뜨거운 수프에 순례자의 피, 와인을 함께했다. 줄리는 석 달 전에 세상을 떠난 친구 리타 때문에 순례길에 올랐다고 했다.

와인 잔을 거푸 비우는 동안 창문을 할퀴던 바람이 줄었다. 줄리가 조심스레 레이스 손수건을 풀었다. 지금은 쓰는 사람이 거의 없는 카메라의 필름 통이 들어 있었다. 줄리는 세상을 떠난 친구 리타를 호주의 퍼스에서 리스본으로, 포르투를 거쳐 산티아고로 그리고 이곳 무시아Muxia까지 그렇게 데려왔다는 것이다. 영화 같은 이야기다.

한국에서 정식으로 개봉된 적은 없지만. 산티아고를 꿈꾸는 사람이라면 한 번쯤 봤을 영화가 있다. 영화 <더 웨이 The Way>. 세속적 표현 그대로 성공을 이룬 아버지와 다른 길을 가는 아들의 이야기다. 아들은 산티아고 순례 첫날 피레네에서 사고로 죽는다. 미국에서 생장St. Jean Piet de Port으로 날아온 아버지는 아들을 화장하고, 그 아들의 유골을 지닌 채 아들 대신 까미노를 걷는다. 주인공은 순례를 마친 후 다시 땅이 끝나는 곳까지 걷는다. 하늘이 무너져 내린 바다에서 아들을 파도에 실려 보내는 그곳이 바로 무시아이다.

"리타는 내게 친자매나 마찬가지야. 리타 엄마, 그레이스는 내게도 엄마 같은 분이고."

줄리는 호주의 여자농구단 소속 훈련 코치이다. 선수별로 훈련 프로그램을 설계하고 재활 훈련을 코치한다. 시즌 중간은 아니라도 갑작스러운 장기 휴가는 소속 팀에서 적잖은 물의를 일으켰다고 한다. 아무리 친자매 같은 친구라도 타자를 위해 뻔히 예상되는 손해를 감수한다? 솔직히 쉬운 일은 아니다. 나라면 결정하기 힘들었을 것 같다. 누구나 생각은 할 수 있지만 실제로 한다는 것은 다른 얘기다. 하물며 자신을 위한 결정도 미루거나 유보하기가 얼마나 쉬운가. '상황이 좀 나아지면 언젠가', '이번 문제만 정리하고 나중에' 이렇게 저렇게 나중에, 언젠가……. '언젠가'는 결코 저절로 찾아오는 미래가 아니다. '나중에'는 또 다른 나중으로 밀리고 만다. 모두가 그걸 뻔히 알면서 '지금 하지 않을 수 있는 핑계'를 잘도 찾아낸다. 하지만 줄리는 그렇게 하지 않았다.

"미루면 영영 오지 못하게 될 것 같더라. 그렇잖아. 지금이 아니면 나중은 없지 Now or Never."

꼬질꼬질한 노숙자의 모습을 한 줄리가 아름답고 위대해 보인다.

밤을 보낸 후 하늘은 언제 그랬냐는 듯 맑다. 작은 바닷가 마을 무시아는 2002년 11월 유조선 기름유출 사고를 겪었다. 무시아 근해에서 좌초한 유조선은 8시간 만에 침몰하며 7만 갤런, 212톤의 기름으로 무시아 해안과 마을을 뒤덮었다. 무시아의 상징이 된 상처A Ferida 조형물은 그때의 비극을 기억하고 위로하기 위해 세웠다. 무시아의 상처는 죽음의 바다라고 불리는 거친 파도와 바람, 해안 바위에 지은 성당 노사 다 바르카Nosa da Barca와 나란히 서 있다. 고요하고 평화롭게만 보이는 작은 마을이 켈트와 야고보, 성모마리아 발현과 유조선의 침몰까지 참으로 많은 이야기를 모두 품고 있다.

우리는 어른 키보다 큰 파도가 밀려오는 해안가를 걸었다. 줄리가 바닷가 성모 바위 쪽으로 내려가겠다고 했을 때 나는 마을을 걷기로 했다. 그 자리에서 줄리를 기다려줄까 했지만 혼자 온전히 리타를 보내는 시간을 갖게 하려면 누구도, 멀리서라도 지켜보는 이가 없는 편이 좋을 것 같았다.

바람은 서리처럼 찬데 가을 햇살은 뜨거웠다. 무시아의 바닷바람을 맞으며 처음 보는 물고기들이 덕장에 걸려있다. 길이가 족히 2m는 넘고 구멍이 숭숭 뚫려 신기하게 생긴 모양이다. 덕장을 살피는 할아버지에게 그 물고기의 이름을 알아내기까지 100년쯤 걸린 듯하다. 휴대폰 번역기를 켜고 온갖 손짓, 발짓을 동원해서 알아낸 물고기의 이름은 붕장어Congrio이다. 알고 보니 무시아는 유럽에서 붕장어잡이로 유명한 마을이다. 손바닥만 한 마을이라 순례자들은 반나절쯤 머물고 떠난다. 난 무시아에서 이틀을 묵었다. 고요 속 햇살 샤워를 하며 혼자 바닷가 피크닉을 즐겼고 말린 붕장어찜 요리를 먹었다. 붕장어는 달았다. 무거웠던 무릎이 가벼워졌고 명치에 걸려있던 불안이 사라졌다.

마을을 걷다 보니 몬테코르피뇨Monte Corpino 산으로 오르는 길로 이어졌다. 코르피

뇨는 어마어마한 바람의 언덕이었다. 몸을 가누기 힘들 만큼 밀치고 뒤집는 바람이 정신을 바짝 차리게 만든다. 용서의 언덕에서 불던 바람을 떠올리며 몬테코르피뇨의 정상에 올랐다. 마을 전체가 손에 잡힐 듯 가까이 펼쳐져 있다. 언덕 꼭대기에 세워진 십자가 근처 바위에 자리를 잡았는데 어느새 언덕을 올라온 줄리가 옆으로 다가와 앉았다.

"내가 리타를 데려온 건 줄만 알았어. 그런데 리타가 나를 여기까지 이끌어 준 거였어."

내가 길을 선택했다고 생각했는데 실은 길이 나를 불렀다는 말. 많은 순례자가 하는 이야기이다. 길을 걷지 않은 사람들은 결코 이해할 수 없는 말이기도 하다. 실제로 걷지 않고서는 도저히 알 수 없는 '나를 부른 존재, 나를 부른 길, 나를 부른 시간, 나를 부른 내 안의 나'. 그 만남에 이끌려, 먼저 걸은 이들의 얘기에 이끌려 사람들은 오늘도 까미노를 향하는지 모른다.

줄리는 바람 때문에 자꾸 눈물이 나는 거라면서 코를 풀고 충혈된 눈으로 깔깔 웃었다. 무시아에서 그녀는 순례를 완성했다.

포르투갈 길을 걸어 다시 산티아고로

끝에서 끝으로 향하는 여정이었다. 이베리아반도의 땅끝마을 카보다호카Cabo Da Roca, 호카곶. 리스본 북서쪽에 있는 바닷가로 유럽 대륙의 서쪽 끝이다에서 세상의 끝 피스테라까지. 평생 단 한 번이라고 되뇌었던 순례를 마치고 이 언덕에 섰다. 내게 딱 한 곳을 꼽으라면 여기다. 생장에서 시작한 프랑스 루트, 리스본에서 출발한 포르투갈 루트, 모든 구간이 다른 의미를 주었지만 내 순례의 완성, 마무리는 여기라야 맞다.
피스테라 항구 마을에서 등대까지 가는 3km의 도보 언덕길을 걸으며, 고요하고 아득한 바위에 앉아 여정을 마무리했던 그 날이 날 부른 것이다. 어쩌면 이 바위에 다시 오려고 미련하게 아픔을 참으며 걷고, 울기를 멈출 수 없었는지도 모른다. 그리움을 이기지 못하고 항공권을 사고야 말았던 것도, 세상에 막 나왔던 <산티아고 40일간의 위로> 책을 안고 걸었던 것도 다시 이 순간을 위한 것이었음을 알았다. 세상이 끝나는 곳에서 하늘은 바다로 쏟아져 내린다. 쏟아진 하늘이 침몰하는 바다를 마주하는 피스테라 파로에 왔다.

두 번째 순례는 갑절로 힘들었다. 포르투갈 루트로 걷는 것이 프랑스 길보다 100km가량 짧은 데다 이미 순례 경험이 있으니 훨씬 부담이 덜 할 거라고 예상했다. 그 반대였다. 9월의 포르투갈은 이상기온으로 한낮 38도가 넘는 폭염을 기록했다. 리스본에서 포르투까지는 카페나 바Bar가 거의 없어 마을이 나타날 때까지 목마름과 배고픔에 시달린 날도 많았다. 절대적으로 사람이 없는 한적한 까미노였던 것이 좋기도 했지만 그래서 더 힘들었다. 처음 산티아고 길을 걸으면서 혼자만의 시간을 가지려던 노력은 돌이켜보면 유치할 정도로 필사적이었는데 여기서는 그런 따위는 필요도 없었다. 아예 사람을 마주치는 경우가 드물어 누구라도 멀리서 보이면 적잖이 안심되곤 했다. 힘에 부치면 숫자를 세는 버릇이 있다는 것을 두 번째 까미노를 걸으며 알았다. 머리는 텅 비고 귓속에 리드미컬한 이명이 울릴 만큼 힘이 들면 나도 몰래 숫자를 세고 있는 나를 발견했다. 아무 생각 없이 걸음을 옮기면서도 어떤 존재가 나를 지켜보며 함께 걷는다는 확신은 놀라운 일이었다. 한계에 닿았을 때, 길을 잃었을 때, 어떤 생각으로 한 발짝도 꼼짝할 수 없었을 때 어김없이 성당의 종이 울리곤 했다. 우연이라고 하기엔 신기할 정도로 딱 맞추어 벌어져서 급기야 까미노 후반에 이르렀을 때는 '곧 어디서 종소리가 들리겠군.' 먼저 알아챌 수 있게 되었을 정도다. 떼오Teo에서 14km를 걸어 산티아고에 도착하는 날도 그랬다. 순례자의 광장으로 걸어 들어가는데 역시 종이 울리기 시작했다. 저절로 무릎을 꿇었고 따스하게 데워진 광장 바닥에 엎드려 종소리를 들었다.

몇 년 전 산티아고에 도착했던 날, 무덤덤 아무런 느낌이 없어 그대로 피스테라를 향해 떠났던 기억이 떠올랐다. 그때 성당은 빗속에서 푸른색 그물을 덮고 있었는데 건물의 보수가 끝난 모양이다. 아름다운 성당은 흠이 하나 없는 모습으로 구름이 바쁘게 달리는 하늘, 파란 잉크를 넣어 둔 수정 구슬 속에 들어있는 것처럼 보인다. 두 번째 순례를 무사히 마쳤다.

"짜잔~ 축하드려요!"
"산티아고에 오신 걸 환영합니다."
상희 쌤과 윤서 씨다. 한국에서 출발할 때 같은 비행기로 왔는데 까미노를 걸으면서는 단 한 차례도 마주치지 못했다. 윤서 씨는 일주일 이상 앞서 걸었고 상희 쌤도 느림보인 나보다는 늘 하루 이틀 빨랐다.
"산티아고 들어와서 함께 축하할 사람이 없으니 좀 섭섭하더라고요."
홀로 도착하니 쓸쓸했다며 두 사람은 나에게 깜짝 축하를 안겨주고 싶었다고 했다. 완주의 순간을 기념해주고 싶어서 세 시간을 기다렸다는 것이다. 기다리고 있는 걸 알 턱이 없던 나는 마지막 길이 아쉬워 최대한 아껴가며 천천히 걸었다. 이런 바보 같은 감동을 안겨준 사람들이 고맙고 미안해서 그리고 가을 하늘에 눈이 시려 자꾸만 눈물이 났다.

순례는 마무리되고 또 이어진다. 따로 또 같이 기쁨과 추억을 나눈 후 다시 혼자가 되었다. 누구는 코루나A Coruna를 향해 떠나고 다른 사람은 마드리드까지 걷기로 했고 나는 무시아를 거쳐 피스테라를 향했다. 이제 어디를 걷더라도, 걷지 않더라도 순례란 그냥 사는 것임을 안다. 하루하루 자신의 몫을 살아내는 것, 순간순간 나에게 주어진 몫을 누리는 것. 그런 일상이 순례와 다르지 않다는 것을 안다. 집으로 돌아간 후 내 일상은 많이 변하지 않을 것이다. 1,500km를 넘게 걸었다고 하지만 그것으로 도를 깨우친 것도 아니며 게으르고 성마른 나를 벗어나는 마법을 얻은 것도 아니다.
새로 알게 된 것도 있다. 다른 사람으로 새로 태어난 것은 아니라 해도 내가 까미노 이전의 나와 똑같은 내가 아니란 것. 세상에는 눈으로는 볼 수 없는 수많은 단서가 숨어 있다는 것. 아름다운 것은 모두 오래 걸리며 느리게 얻을 수 있다는 것. 우리에게 진짜 소중한 것은 결코 돈으로 사고팔 수 있는 목록에 적혀 있지 않다는 것을 안다.
까미노는 내게 지나간 사건, 과거가 아니다. 강물처럼 흘러가 버린 것이 아니라 귀한 서랍 속, 상자 속 보물처럼 내게 있다. 무표정한 얼굴로 지하철을 환승하는 생활 속에서도 나는 가끔 메세타의 바람을 느낄 것이다. 뭉뚝한 일상이 나를 누르는 날이면 빗속에서 깔깔 웃던 환희를 꺼내어 볼 것이다. 대가를 바라지 않았던 연대의 방식을 떠올리며 때로는 기꺼이 노란 화살표가 되는 법을 찾을 것이다. 특별할 것이 없는 일상, 사소한 순간을 기뻐하고 더 많이 웃으며 매일의 까미노를 걸어볼 생각이다. 그렇게 해 볼 자신이 생겼다.

카미노 친구들의 근황

"꿈이라고 말해. 이게 현실일 수는 없잖아!"
"오! 마이 갓, 이건 꿈이야!"
차갑게 언 볼을 버프로 감싼 프란신과 부리부리 박사 안경을 쓴 톰, 유쾌한 순례자 부부가 내 앞에 있었다. 산티아고를 걸으며 만났던 친구를 30개월 후에 우연히, 산티아고 광장에서 다시 만나게 되는 확률은 얼마나 될까? 프란신은 연신 자기 이마를 손으로 짚었다가 다시 내 얼굴을 감싸며 눈을 맞췄다. 우리는 꿈이 아닌 것을 확인했다.
리스본에서 출발하는 포르투갈 루트로 700km를 걸어 산티아고에 도착한 날이었다. 2년 전 산티아고를 걸으며 프란신과 톰 부부를 만났다. 순례 후반에 엇갈려 연락처를 나누지 못하고 헤어졌다. 다른 친구들과 메일이나 페이스북으로 연락을 하면서 두 사람의 안부가 궁금했었다. 두 번째 까미노를 완주한 날 거짓말처럼 둘이 내 앞에 나타났다. 우리의 재회는 설명하기 힘든 방식으로 이루어지곤 하는 까미노의 신비이다.

산티아고 순례로 삶이 바뀐다는 말은 거짓말처럼 들린다. 수십 년 쌓아온 습관과 가치관이 까미노를 걷는다고 변할 가능성은 크지 않다. 다른 경험으로는 대체할 수 없는 소중한 경험을 얻고 난 후 순례자들은 일상으로 돌아간다. 까미노는 가끔 삶에 지칠 때, 힘들 때마다 들춰 보며 추억하는 정도로 남는다. 그런데 순례의 시간으로 삶을 통째로 흔드는 이들도 없지는 않다. 프란신과 톰이 그 경우에 속한다. 로맨스 소설을 습작하던 프란신은 산티아고 순례길을 배경으로 한 타임랩스 판타지 소설을 완성했고 신학 교수였던 톰은 명예퇴직 후 순례자를 위해 봉사하는 '오스피탈레로'가 되려고 준비 중이다. 순례를 삶의 중심에 들여놓은 것이다.
책의 초판 뒤표지를 장식했던 이탈리아 친구들은 등반 중에 친구를 잃는 사고를 겪었다. 마우리지오와 엘레나는 부부로서 여생을 함께하고 있다. 함께 산을 오르고, 노래를 부르며 건강하고 뜨겁게 사랑하며 산다. 인류의 삶을 덮친 코로나바이러스 시대에 엘레나는 예쁜 천 조각을 골라 마스크를 만들었다. 고난으로는 사랑을 퇴색시키지 못한다는 것을 확인할 수 있게 해준다.
사랑스러운 마엘, 길을 걷다가 풀을 꺾어 피리를 불어주고, 손가락만 한 하모니카를 연주해 주던 그녀는 한동안 연락이 없었는데 최근에 메일을 받았다.
"바이올린을 제작하는 국립학교에서 인턴으로 공부하고 있어요. 과정은 힘들지만 정말 재미있어요. 곧 제가 만든 바이올린을 출시하게 될 거예요."
풀피리가 바이올린으로 이어질 줄은 몰랐다. 소리를 만들기 좋아하던 그녀가 제대로 길을 찾은 것 같다.
이사벨은 그녀에게 상처로 남아있던 엄마를 만나 보겠다고 했었다. 엄마에 관한 얘기는 없었지만, 허리까지 내려오던 머리를 짧게 잘랐다며 환하게 웃는 사진을 받았다. 왓츠앱 속 얼굴은 밝아 보였다. 커트 머리를 한 이사벨을 보면서 때로 지난 사실을 들추는 것보다 유보하는데 더 큰 용기가 필요하며 그편이 진실에 가까울 수도 있다고 생각했다. 그녀의 어깨가 가벼워 보였으니 그걸로 충분하다.

루카스는 까미노를 걷는 동안 하얀 리본 운동 알리기 캠페인을 했다. 성차별 사회의 피해자는 여성이지만 남성이 주도적으로 여성운동에 동참하는 화이트 리본 운동을 위한 그의 까미노 걷기와 모금 활동은 캔버라 지역 신문에도 소개되었다. 길을 걸으며 펀드를 모금한 루카스는 산티아고 순례를 마친 후 호주의 하얀 리본 운동본부에 기금을 후원했다. 하나뿐인 딸과 관계를 회복할 기미가 보인다고 했다. 가끔 손녀와 주말에 요트를 탄다고 하니 그가 '사막 같다'고 했던 마음에 오아시스가 생긴 셈이다.

까미노 순례자들과는 하루나 이틀 짧은 만남 후 헤어진 경우가 많지만 특별한 교감을 나눴던 친구들도 적지 않다. 비아나에서 밤새도록 열이 나는 나를 지켜준 피터, 무릎 때문에 부르고스에서 돌아가야 했던 피터는 그의 아들 미하엘과 언젠가 다시 걷기를 계획하고 있다. 질풍노도의 시간을 통과하며 극단적인 '문제적 문제아'였던 미하엘은 비록 중간에 포기하고 돌아가야 했지만 까미노에서 보름을 보낸 이후, 눈도 마주치지 않았던 아빠와 대화를 나눈다고 한다. 시간이 더 걸릴 것이지만 결국 둘은 함께 걷게 될 것이다.

까미노 가족이라고 부르며 함께했던 나의 까미노 도터daughter 딸 수지에게는 일본인 요리사 애인이 생겼다. 둘은 토론토에서 함께 산다. 여행을 좋아하는 수지와 달리 그녀의 애인 겐지는 이른바 방콕족, 집콕족이다. 시간이 날 때마다 맛있는 음식을 먹고 좋은 메뉴의 식당을 찾아다니는, 또 다른 순례를 하고 있다.
"까미노를 걸으며 6kg이 빠졌는데 겐지를 만난 후 그 두 배가 늘었지, 뭐야. 날 만나도 너희들은 날 못 알아볼 거야."
수지는 그렇게 말했지만 그럴 리가. 두 배로 체격이 불었다 해도 한 눈에 그녀를 알아볼 것이다.

까미노 아들 데이브는 추리소설을 드디어 완성했다. 영국 아마존에서 전자책으로 먼저 그리고 종이책으로도 나왔다. 요크의 집을 떠나 영어 강사로 일하면서 앞으로도 소설을 쓸 생각으로 장기간 체류할 나라를 물색 중이다. 여행 중 소재를 찾아 소설 구상을 끝냈다고 했다. 잔인한 지방 판사가 주인공이다.
헨드릭은 돌아가서 한동안 적응에 힘든 시간을 겪는 눈치였다. 독일을 떠나 스위스로 이주한다는 소식 이후 연락이 끊겼다. 아홉 번의 전신마취 수술을 이겨낸 헨드릭이다. 어떻게든 일어설 것이라고 믿으며 가끔 그를 위해 기도한다.

론 아저씨는 명실상부한 여행가로 변신했다. 동물구조 운동본부에서 만난 여자 친구와 함께 캠핑카로 멕시코, 아르헨티나, 칠레를 여행했고, 아시아의 매력에 빠져 태국과 베트남에서는 수개월씩 머무는 거주 여행을 마쳤다. 올해 한·중·일 여행을 염두에 두고 있었는데 COVID-19 팬더믹으로 난관에 부딪혔다
"내년쯤 우리 까미노 가족이 제주도에서 모두 만날 수 있지 않을까? 난 그날을 꿈꾸고 있어."
론의 메시지에 나도 헤어지던 날의 약속을 떠올렸다. 정말 그럴지도 모를 일이다.

900km, 다시 800km가 넘는 까미노였지만 그 길은 킬로미터 혹은 거리로만 표현할 수 없다. 내가 걸어온 길은 사람이었다. 천 년이 넘는 시간 동안 그 길을 걸었던 사람들이었고, 사람들의 염원과 기도, 눈물이 만든 이야기였다. 함께 걸었던, 언젠가 걸을 사람들에게 인사를 건넨다.
부엔까미노! 우리 길에서 모두 안녕하길.